Utilize este código QR para se cadastrar de forma mais rápida:

Ou, se preferir, entre em:
www.moderna.com.br/ac/livroportal
e siga as instruções para ter acesso aos conteúdos exclusivos do
Portal e Livro Digital

CÓDIGO DE ACESSO:
A 00520 BUPGEOG1E 5 45473

Faça apenas um cadastro. Ele será válido para:

Da semente ao livro,
sustentabilidade por todo o caminho

Plantar florestas
A madeira que serve de matéria-prima para nosso papel vem de plantio renovável, ou seja, não é fruto de desmatamento. Essa prática gera milhares de empregos para agricultores e ajuda a recuperar áreas ambientais degradadas.

Fabricar papel e imprimir livros
Toda a cadeia produtiva do papel, desde a produção de celulose até a encadernação do livro, é certificada, cumprindo padrões internacionais de processamento sustentável e boas práticas ambientais.

Criar conteúdos
Os profissionais envolvidos na elaboração de nossas soluções educacionais buscam uma educação para a vida pautada por curadoria editorial, diversidade de olhares e responsabilidade socioambiental.

Construir projetos de vida
Oferecer uma solução educacional Moderna é um ato de comprometimento com o futuro das novas gerações, possibilitando uma relação de parceria entre escolas e famílias na missão de educar!

Taciro Comunicação, Alexandre Santana e Estúdio Pingado

Apoio:
www.twosides.org.br

Fotografe o Código QR e conheça melhor esse caminho.
Saiba mais em *moderna.com.br/sustentavel*

Organizadora: Editora Moderna

Obra coletiva concebida, desenvolvida e produzida pela Editora Moderna.

Editor Executivo:
Cesar Brumini Dellore

NOME: ....

....TURMA: ....

ESCOLA: ....

....

1ª edição

© Editora Moderna, 2018

Elaboração dos originais

Carlos Vinicius Xavier
Bacharel e licenciado em Geografia pela Universidade de São Paulo. Mestre em Ciências, no programa: Geografia (Geografia Humana), área de concentração: Geografia Humana, pela Universidade de São Paulo. Editor.

Juliana Maestu
Bacharel e licenciada em Geografia pela Universidade de São Paulo.
Editora.

Lina Youssef Jomaa
Bacharel e licenciada em Geografia pela Universidade de São Paulo.
Editora.

Claudio da Silva Santos
Bacharel e licenciado em Geografia pela Universidade de São Paulo. Professor.

Janaina de Moraes Kaecke
Bacharel e licenciada em Geografia pela Universidade de São Paulo. Mestra em Ciências, área de concentração: Geografia Humana, pela Universidade de São Paulo. Professora.

Vanessa Rezene dos Santos
Bacharel e licenciada em Geografia pela Universidade de São Paulo. Professora.

Jogo de apresentação das 7 atitudes para a vida

Gustavo Barreto
Formado em Direito pela Pontifícia Universidade Católica (SP). Pós-graduado em Direito Civil pela mesma instituição. Autor dos jogos de tabuleiro (*boardgames*) para o público infantojuvenil: Aero, Tinco, Dark City e Curupaco.

Coordenação editorial: Lina Youssef Jomaa
Edição de texto: Lina Youssef Jomaa, Juliana Maestu, Carlos Vinicius Xavier, Anaclara Volpi Antonini
Assistência didático-pedagógica: Wagner Wendt Nabarro
Gerência de *design* e produção gráfica: Everson de Paula
Coordenação de produção: Patricia Costa
Suporte administrativo editorial: Maria de Lourdes Rodrigues
Coordenação de *design* e projetos visuais: Marta Cerqueira Leite
Projeto gráfico: Daniel Messias, Daniela Sato, Mariza de Souza Porto
Capa: Daniel Messias, Otávio dos Santos, Mariza de Souza Porto, Cristiane Calegaro
  Ilustração: Raul Aguiar
Coordenação de arte: Denis Torquato
Edição de arte: Flavia Maria Susi
Editoração eletrônica: Flavia Maria Susi
Coordenação de revisão: Elaine C. del Nero, Maristela S. Carrasco
Revisão: Ana Cortazzo, Dirce Y. Yamamoto, Márcia Leme, Renata Brabo, Rita de Cássia Pereira, Salete Brentan
Coordenação de pesquisa iconográfica: Luciano Baneza Gabarron
Pesquisa iconográfica: Camila Soufer, Junior Rozzo
Coordenação de *bureau*: Rubens M. Rodrigues
Tratamento de imagens: Marina M. Buzzinaro, Luiz Carlos Costa, Joel Aparecido
Pré-impressão: Alexandre Petreca, Everton L. de Oliveira, Marcio H. Kamoto, Vitória Sousa
Coordenação de produção industrial: Wendell Monteiro
Impressão e acabamento: HRosa Gráfica e Editora
Lote: 797648
Cod: 12113018

Dados Internacionais de Catalogação na Publicação (CIP)
(Câmara Brasileira do Livro, SP, Brasil)

Buriti plus geografia / organizadora Editora
  Moderna ; obra coletiva concebida, desenvolvida
  e produzida pela Editora Moderna. – 1. ed. –
  São Paulo : Moderna, 2018. (Projeto Buriti)

Obra em 4 v. para alunos do 2º ao 5º ano.

1. Geografia (Ensino fundamental)

18-17152   CDD-372.891

Índices para catálogo sistemático:
1. Geografia : Ensino fundamental   372.891
Maria Alice Ferreira – Bibliotecária – CRB–8/7964

ISBN 978-85-16-11301-8 (LA)
ISBN 978-85-16-11302-5 (GR)

Reprodução proibida. Art. 184 do Código Penal e Lei 9.610 de 19 de fevereiro de 1998.
Todos os direitos reservados
EDITORA MODERNA LTDA.
Rua Padre Adelino, 758 – Belenzinho
São Paulo – SP – Brasil – CEP 03303-904
Vendas e Atendimento: Tel. (0_ _11) 2602-5510
Fax (0_ _11) 2790-1501
www.moderna.com.br
2024
Impresso no Brasil

1 3 5 7 9 10 8 6 4 2

Que tal começar o ano conhecendo seu livro?

Veja nas páginas 6 e 7 como ele está organizado.

Nas páginas 8 e 9, você fica sabendo os assuntos que vai estudar.

Neste ano, também vai conhecer e colocar em ação algumas atitudes que ajudarão você a conviver melhor com as pessoas e a solucionar problemas.

7 atitudes para a vida

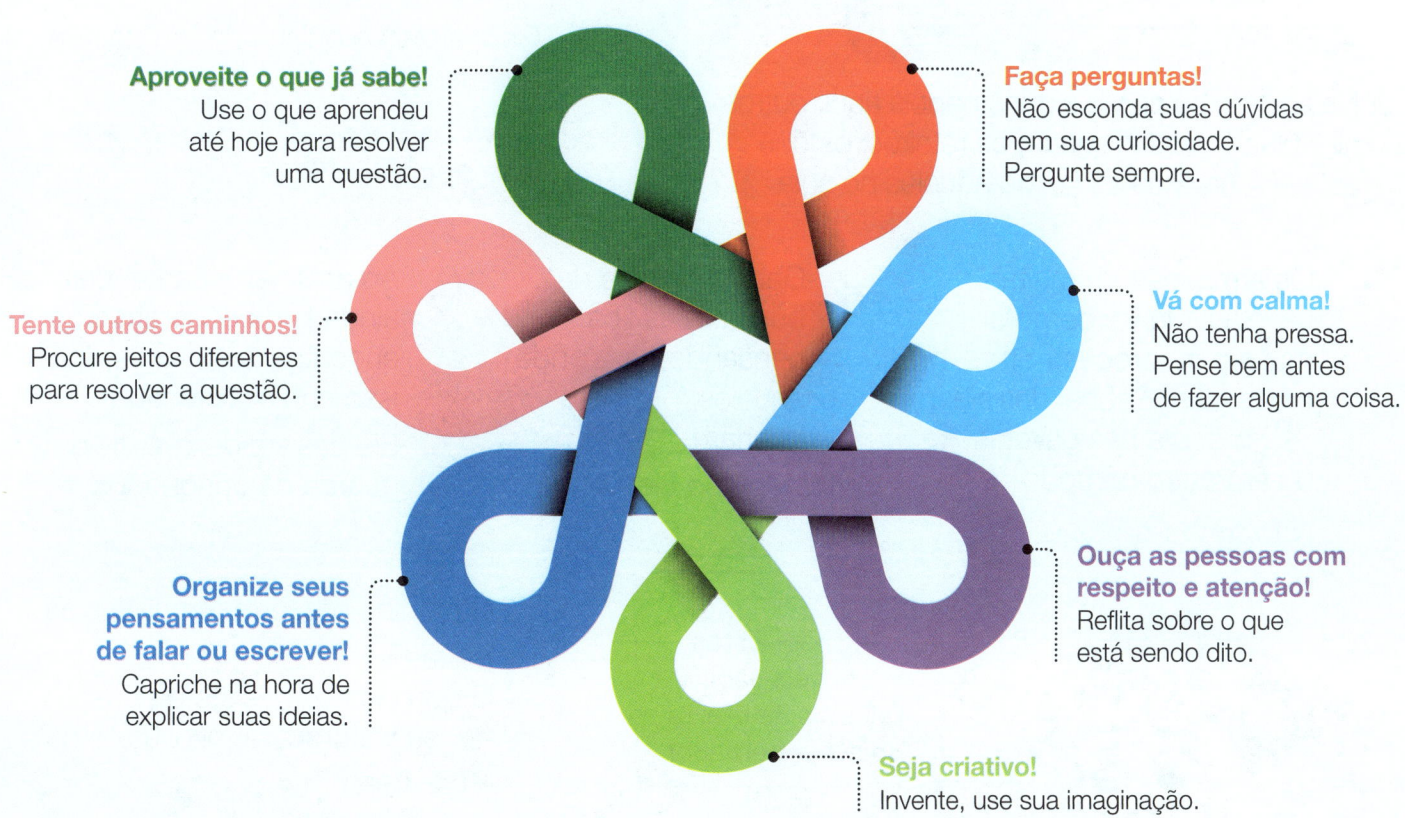

Aproveite o que já sabe!
Use o que aprendeu até hoje para resolver uma questão.

Faça perguntas!
Não esconda suas dúvidas nem sua curiosidade. Pergunte sempre.

Tente outros caminhos!
Procure jeitos diferentes para resolver a questão.

Vá com calma!
Não tenha pressa. Pense bem antes de fazer alguma coisa.

Organize seus pensamentos antes de falar ou escrever!
Capriche na hora de explicar suas ideias.

Ouça as pessoas com respeito e atenção!
Reflita sobre o que está sendo dito.

Seja criativo!
Invente, use sua imaginação.

Nas páginas 4 e 5, há um jogo para você começar a praticar cada uma dessas atitudes. Divirta-se!

A viagem

Comece lendo a história pelo número 1. Depois, vá fazendo suas escolhas conforme as indicações. Lembre-se: suas **atitudes** podem mudar toda a história!

1 Gabriel entrou em casa eufórico.

Mamãe falou para eu escolher uma das cinco viagens que a agência de turismo ofereceu. Mas onde estão os roteiros das viagens?

Na sala de estar, viu alguns papéis aqui, outros ali... Quais desses seriam os roteiros: os que estavam na estante **2** ou aqueles no sofá **3** ?

3 Os papéis no sofá eram desenhos de Daniele, a irmã de Gabriel. E agora, ele desiste da busca **5** ou vai até a mesinha de centro **4** ?

11 Esperançoso, Gabriel entrou no quarto da irmã e perguntou se ela tinha visto os roteiros.

Vi alguns papéis coloridos no quintal.

Gabriel vai ao quintal **12** ou desiste da busca **5** ?

Ouvir as pessoas pode ser uma boa opção!

7 Os armários têm muitas gavetas. Ele vai demorar muito para procurar em todas elas. Gabriel desiste **5**, procura nas gavetas **10** ou em outro cômodo **6** ?

Não tenha pressa!

5 Gabriel desiste da busca. Mas fica pensando para onde aqueles roteiros o levariam.

Recomece, tente outros caminhos!

16 Ao arrumar a cama, Gabriel ainda tinha esperança de encontrar os roteiros, mas isso não aconteceu.

Ele desiste de vez **5** ou guarda os brinquedos **17** ?

4 *Ah, não! Estes papéis são folhetos de oferta do supermercado!*

Gabriel desiste **5** ou procura em outro cômodo da casa **6** ?

10 O menino procurou em todas as gavetas, mas nada achou.

O que ele faz: desiste da busca **5** ou vai procurar no quarto da irmã **11** ?

8 Na sala de jantar, ele encontrou alguns papéis que estavam em cima da mesa: eram correspondências! Gabriel vai à cozinha **7** ou vai ao quarto dos pais **9** ?

14 Na lavanderia, Gabriel pergunta para sua mãe se ela sabe onde estão os roteiros das viagens. Ela lhe responde com outra pergunta.

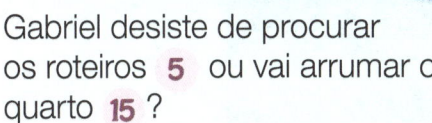
Você já arrumou o seu quarto?

Gabriel desiste de procurar os roteiros **5** ou vai arrumar o quarto **15** ?

Não esconda sua curiosidade, pergunte sempre!

12 No quintal, o cachorro Pepe brinca com um papel na boca. Gabriel desiste **5**, tenta tirar o papel da boca do cachorro **13** ou vai procurar a mãe na lavanderia **14** ?

15 Desanimado, Gabriel vai para seu quarto. O que ele faz primeiro: arruma a cama **16** ou guarda os brinquedos no baú **17** ?

13 Brincando com o cachorro Pepe, Gabriel consegue tirar da boca dele restos de papel rasgado e babado.

Não dá para saber se eram os roteiros das viagens...

Ele desiste **5** ou vai falar com a mãe na lavanderia **14** ?

2 Os papéis na estante eram recibos de contas pagas. Que pena! Se não são estes, devem ser aqueles no sofá **3**. Ou serão aqueles sobre a mesinha de centro **4** ?

6 Onde Gabriel deve procurar: na cozinha **7**, na sala de jantar **8**, no quarto dos pais **9** ou no quarto da irmã **11** ?

9 No quarto dos pais, Gabriel vê uma caixa bonita sobre a cômoda. O que será que tem dentro da caixa? Ele levantou a tampa e olhou.

Não, não são os roteiros! São mais contas para pagar...

Gabriel desiste **5**, procura nas gavetas **10** ou vai para o quarto da irmã **11** ?

Organize o pensamento antes de escolher!

17 Gabriel recolheu os brinquedos e, ao abrir o baú, surpreendeu-se: os roteiros estavam lá! Com os olhos brilhando de alegria, analisou atentamente os roteiros e logo percebeu que ia ser difícil escolher apenas um: viajar para o Pantanal; navegar pelo grande Rio Amazonas; conhecer o Banhado do Taim; fazer trilha no Parque Nacional de Itatiaia, em meio à mata atlântica; ou banhar-se no mar, em uma praia de Itacaré.

E agora, qual desses roteiros Gabriel deve escolher? E você, qual escolheria?

Em uma folha de papel avulsa, crie um roteiro de viagem para o lugar que você escolheu. Se precisar, pesquise na internet!

Aproveite o que já sabe sobre esses lugares para fazer a sua escolha!

Use a criatividade para elaborar o roteiro!

Conheça seu livro

Seu livro está dividido em 4 unidades. Veja o que você vai encontrar nele.

Abertura da unidade

Nas páginas de abertura, você vai explorar imagens e perceber que já sabe muitas coisas!

Capítulos e atividades

Você vai aprender muitas coisas novas ao estudar o capítulo e fazer as atividades!

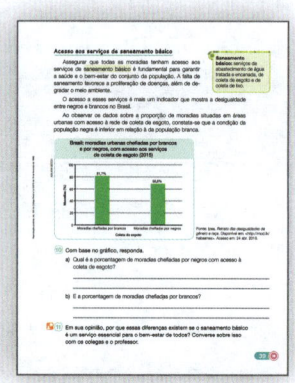

Palavras que talvez você não conheça são explicadas neste boxe verde.

O mundo que queremos

Nesta seção, você vai ler, refletir e realizar atividades sobre atitudes: como se relacionar com as pessoas, valorizar e respeitar diferentes culturas, preservar a natureza e cuidar da saúde.

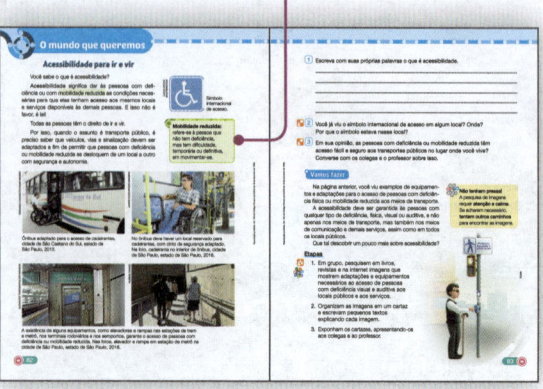

Para ler e escrever melhor

Você vai ler um texto e perceber como ele está organizado.

Depois, vai escrever um texto com a mesma organização. Assim, você vai aprender a ler e a escrever melhor.

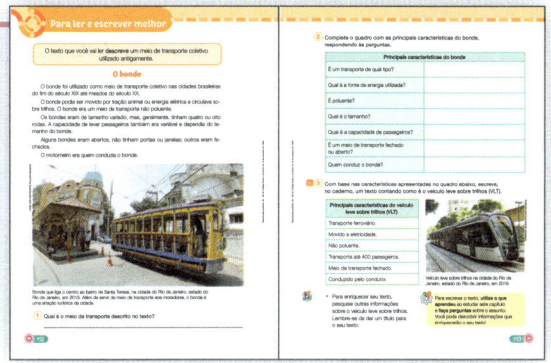

O que você aprendeu

Atividades para você rever o que estudou na unidade e utilizar o que aprendeu em outras situações.

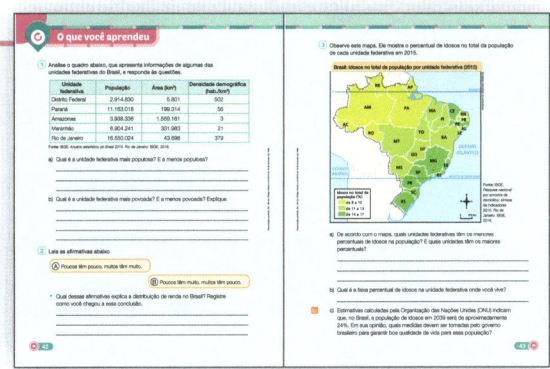

ÍCONES UTILIZADOS

Ícones que indicam como realizar algumas atividades:

Atividade oral	Atividade no caderno	Atividade em dupla	Atividade em grupo	Desenho ou pintura

Ícone que indica 7 atitudes para a vida:

Ícone que indica os objetos digitais:

Sumário

UNIDADE 1 — A dinâmica populacional brasileira 10

Capítulo 1. Quantos somos e onde vivemos 12

- Para ler e escrever melhor: *Os direitos das mulheres no Brasil* 18

Capítulo 2. Movimentos migratórios 20

Capítulo 3. O Brasil e suas diferenças sociais 30

- O mundo que queremos: *Construindo uma sociedade mais justa* 40
- O que você aprendeu 42

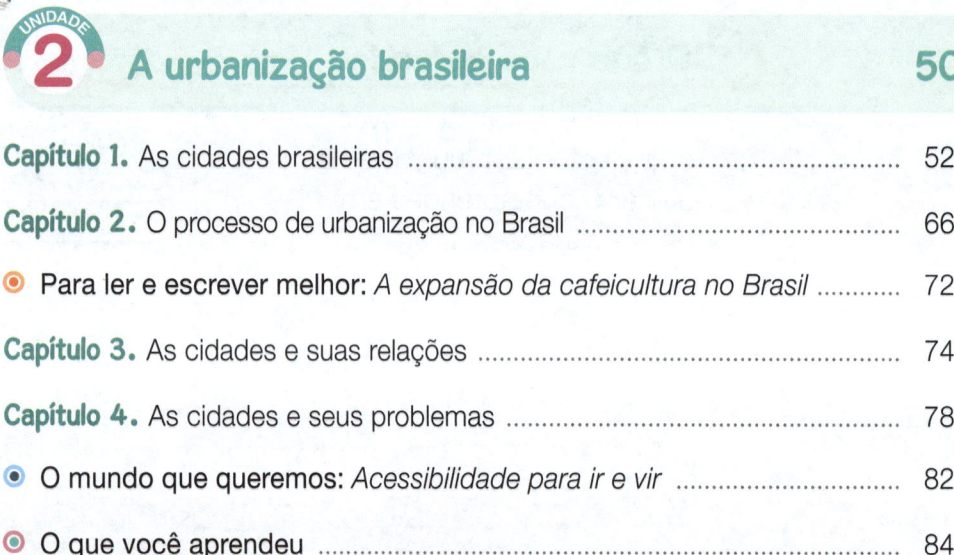

UNIDADE 2 — A urbanização brasileira 50

Capítulo 1. As cidades brasileiras 52

Capítulo 2. O processo de urbanização no Brasil 66

- Para ler e escrever melhor: *A expansão da cafeicultura no Brasil* 72

Capítulo 3. As cidades e suas relações 74

Capítulo 4. As cidades e seus problemas 78

- O mundo que queremos: *Acessibilidade para ir e vir* 82
- O que você aprendeu 84

UNIDADE 3 — Tecnologia e energia conectando pessoas e espaços — 90

Capítulo 1. A modernização das atividades econômicas 92

Capítulo 2. Os avanços nas comunicações 100

Capítulo 3. A evolução tecnológica dos meios de transporte 105

- Para ler e escrever melhor: *O bonde* 112

Capítulo 4. Fontes de energia 114

- O mundo que queremos: *Energia elétrica e meio ambiente* 120
- O que você aprendeu 122

UNIDADE 4 — Ambiente e qualidade de vida — 128

Capítulo 1. Os problemas ambientais onde você vive: o lixo 130

- O mundo que queremos: *Vamos dar um final mais feliz para as embalagens?* 136

Capítulo 2. Os problemas ambientais onde você vive: a poluição do ar 138

- Para ler e escrever melhor: *A chuva ácida* 142

Capítulo 3. Os problemas ambientais onde você vive: a poluição das águas 144

Capítulo 4. Participação do governo e da população na melhoria da qualidade de vida 150

- O que você aprendeu 154

UNIDADE 1
A dinâmica populacional brasileira

Bairro no município de São Paulo, estado de São Paulo, 2017.

②

Vamos conversar

No Brasil, as condições de vida da população podem ser muito diferentes. Observe as imagens e responda.

1. Que diferenças você observa entre os dois lugares mostrados nas imagens?
2. Em sua opinião, qual dos lugares mostrados proporciona melhores condições de vida aos moradores? Explique.

Bairro no município de Campinas, estado de São Paulo, 2015.

Quantos somos e onde vivemos

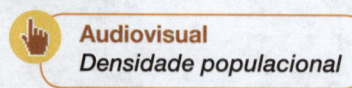

Brasil: país populoso, mas pouco povoado

Em 2015, de acordo com pesquisas realizadas pelo Instituto Brasileiro de Geografia e Estatística (IBGE), a **população absoluta** ou **total** do Brasil era de cerca de 205 milhões de habitantes.

Com a quinta maior população do mundo, o Brasil é considerado um país **populoso**.

Mas, se por um lado o Brasil tem um elevado número de habitantes, por outro o país é pouco **povoado**. Isso significa que sua **densidade demográfica** ou **população relativa** é baixa: 24 habitantes por quilômetro quadrado (hab./km²).

Países mais populosos do mundo (2015)	
País	População
China	1.376.048.943
Índia	1.311.050.527
Estados Unidos	321.773.631
Indonésia	257.563.815
Brasil	204.900.000

Fontes: IBGE. *Atlas geográfico escolar*. 7. ed. Rio de Janeiro: IBGE, 2016; IBGE. *Anuário estatístico do Brasil 2016*. Rio de Janeiro: IBGE, 2017.

A distribuição da população no território

No Brasil, a população não se distribui de forma regular pelo território: ela se concentra mais em algumas áreas e menos em outras. Podemos perceber essa irregularidade ao comparar a densidade demográfica das regiões brasileiras. Observe a tabela abaixo.

População, área e densidade demográfica do Brasil e das regiões (2015)			
Brasil e regiões	População	Área (km²)	Densidade demográfica (hab./km²)
Brasil	204.900.000	8.515.767	24
Norte	17.524.000	3.853.843	5
Nordeste	56.641.000	1.554.291	36
Centro-Oeste	15.489.000	1.606.234	10
Sudeste	85.916.000	924.614	93
Sul	29.290.000	576.783	51

Fonte: IBGE. *Anuário estatístico do Brasil 2016*. Rio de Janeiro: IBGE, 2017.

1 Qual é a região brasileira que tem a maior densidade demográfica? E a menor?

2 Qual é a densidade demográfica da região onde você vive?

Também podemos observar a irregularidade na distribuição da população pelo território comparando a densidade demográfica das unidades federativas. Observe o mapa a seguir.

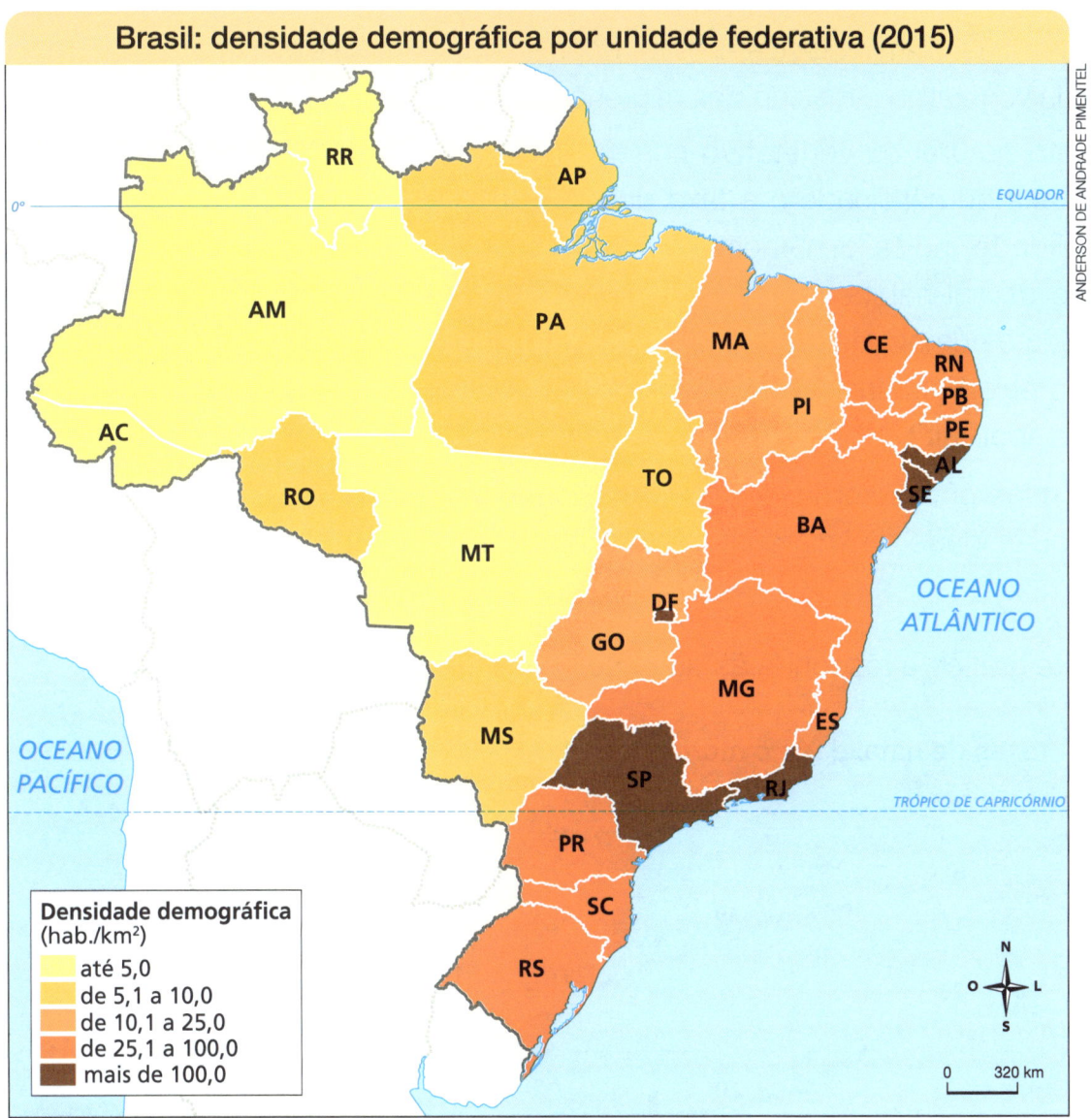

Fonte: IBGE. *Anuário estatístico do Brasil 2016*. Rio de Janeiro: IBGE, 2017.

3 Quais são as unidades federativas mais povoadas? E quais são as menos povoadas?

_____
_____
_____

4 Em que faixa de densidade demográfica está a unidade federativa onde você vive?

_____

O crescimento da população brasileira

Em 1900, o Brasil tinha cerca de 17 milhões de habitantes. No ano de 2015, sua população era de aproximadamente 205 milhões de habitantes.

Os fatores que influenciam o crescimento da população de um país são o crescimento natural ou vegetativo e o saldo das migrações internacionais.

O **crescimento natural** ou **vegetativo** corresponde à diferença entre a taxa de natalidade e a taxa de mortalidade. A **taxa de natalidade** indica o número de nascidos vivos para cada grupo de mil habitantes de um país. A **taxa de mortalidade** indica o número de mortes para cada grupo de mil habitantes do país. Para indicar essas taxas, utiliza-se o símbolo ‰ (lê-se "por mil").

O **saldo das migrações internacionais** corresponde à diferença entre a quantidade de imigrantes e a de emigrantes do país.

Imigrantes: no texto, refere-se às pessoas que entram em um país que não é o de sua origem e nele fixam residência.

Emigrantes: no texto, refere-se às pessoas que saem de seu país de origem para viver em outro.

5. Observe este gráfico e responda às questões.

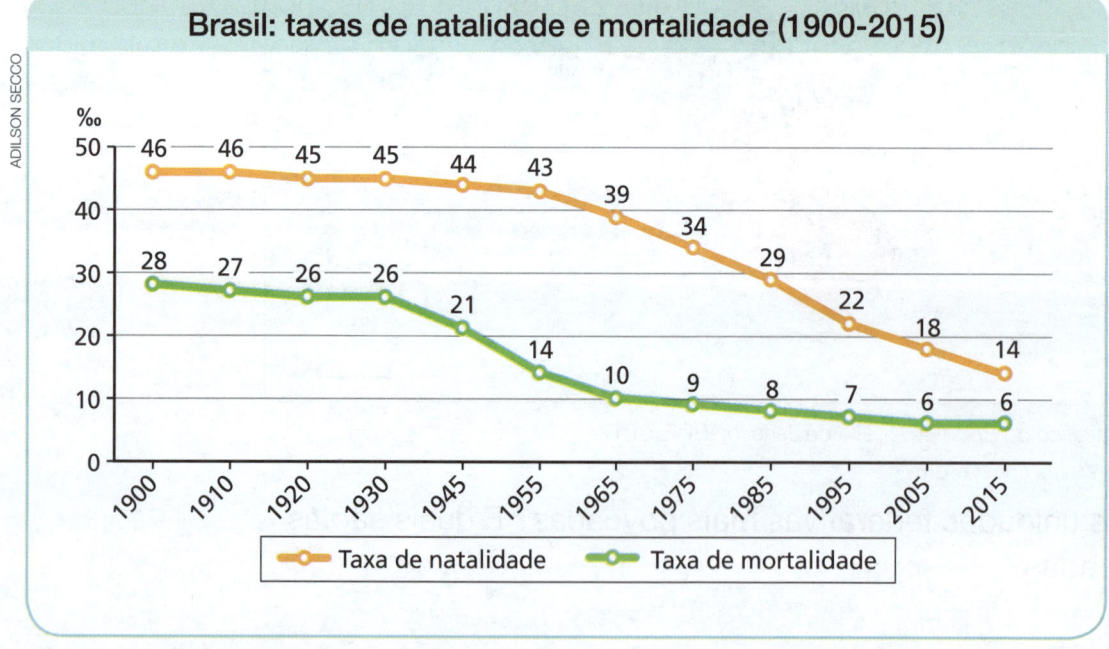

Fontes: IBGE. *Anuário estatístico do Brasil 2015*. Rio de Janeiro: IBGE, 2016; IBGE. *Séries históricas e estatísticas*. Disponível em: <http://mod.lk/txnatmor>. Acesso em: 23 abr. 2018.

a) O que esse gráfico mostra?

b) Com base nos dados do gráfico, calcule o crescimento vegetativo do Brasil nos anos de 1930, 1965 e 2015.
  • Explique como você fez o cálculo.

c) Como o crescimento vegetativo do Brasil evoluiu nesse período?

Mudanças no crescimento da população

A partir da década de 1960, o crescimento da população brasileira começou a diminuir. Um dos motivos para essa queda foi a diminuição acentuada da taxa de natalidade. Observe novamente a taxa de natalidade nos anos de 1965 a 2015 no gráfico da atividade 5, na página anterior.

A queda da taxa de natalidade pode ser justificada pela diminuição da **taxa de fecundidade**, que indica o número médio de filhos por mulher. Observe, no gráfico ao lado, a evolução dessa taxa entre os anos de 1960 e 2015.

A redução da taxa de fecundidade está relacionada a diversos fatores, como o aumento da escolaridade e da participação da mulher no mercado de trabalho e o planejamento familiar, que permite aos casais decidir quantos filhos querem ter com base nas condições de vida que poderão oferecer a eles.

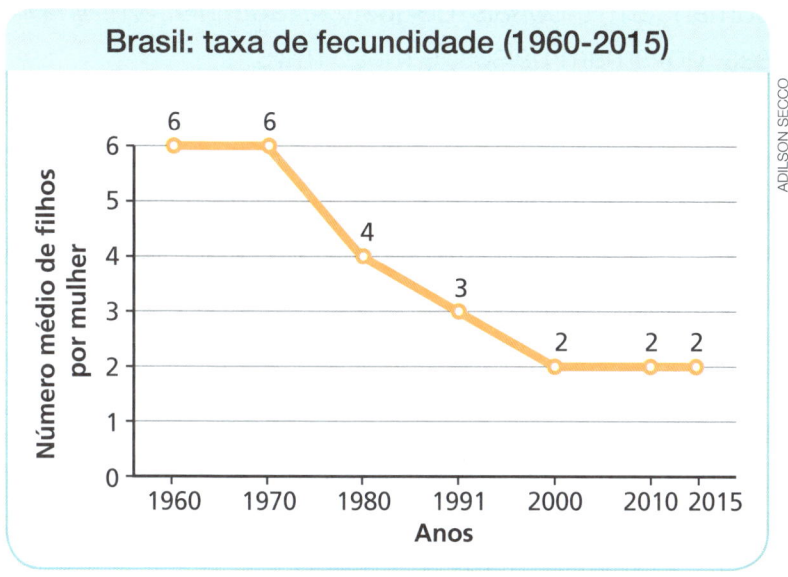

Fontes: IBGE. *Anuário estatístico do Brasil 2015*. Rio de Janeiro: IBGE, 2016; IBGE. *Séries históricas e estatísticas*. Disponível em: <http://mod.lk/txfecund>. Acesso em: 23 abr. 2018.

As mulheres estão cada vez mais presentes em todos os ramos de atividade. Na foto, pesquisadores trabalham em laboratório de biociência no município de São Paulo, estado de São Paulo, em 2016. Entre os pesquisadores há várias mulheres.

6 De acordo com o gráfico, qual era o número médio de filhos, por mulher, no ano de 1960? E no ano de 2015?

7 Em sua opinião, qual é a importância da inserção da mulher no mercado de trabalho? Justifique.

Mulheres chefes de família

De acordo com o IBGE, em 2015, cerca de 52% da população brasileira era composta de mulheres.

Atualmente, as mulheres participam de todos os setores econômicos. Elas fazem pesquisas científicas, comandam tribunais de justiça, administram empresas, governam países, e muito mais.

Mesmo estando cada vez mais inseridas no mercado de trabalho, as mulheres ainda são as principais responsáveis pelas tarefas domésticas (higiene e organização da moradia, alimentação etc.) e pelos cuidados com os filhos. Recentemente, essa responsabilidade aumentou: muitas mulheres passaram a ser, também, as principais responsáveis pelo sustento financeiro da família. No ano 2000, por exemplo, de cada 100 famílias, 22 tinham a mulher como principal responsável pela renda familiar. Já em 2015, esse número aumentou para 41 famílias.

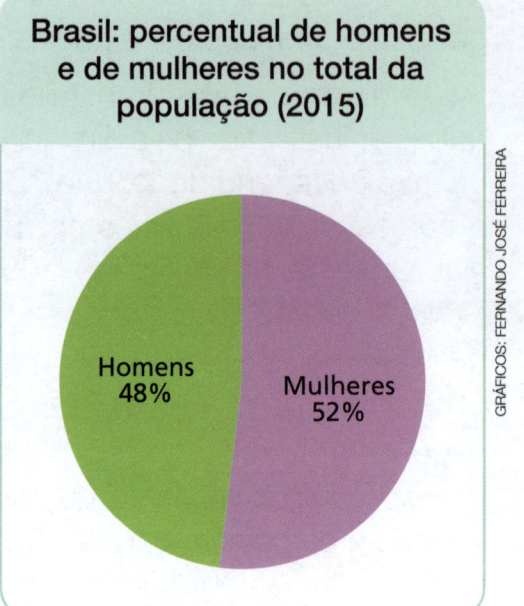

Fonte: IBGE. *Pesquisa nacional por amostra de domicílios 2015*. Rio de Janeiro: IBGE, 2016.

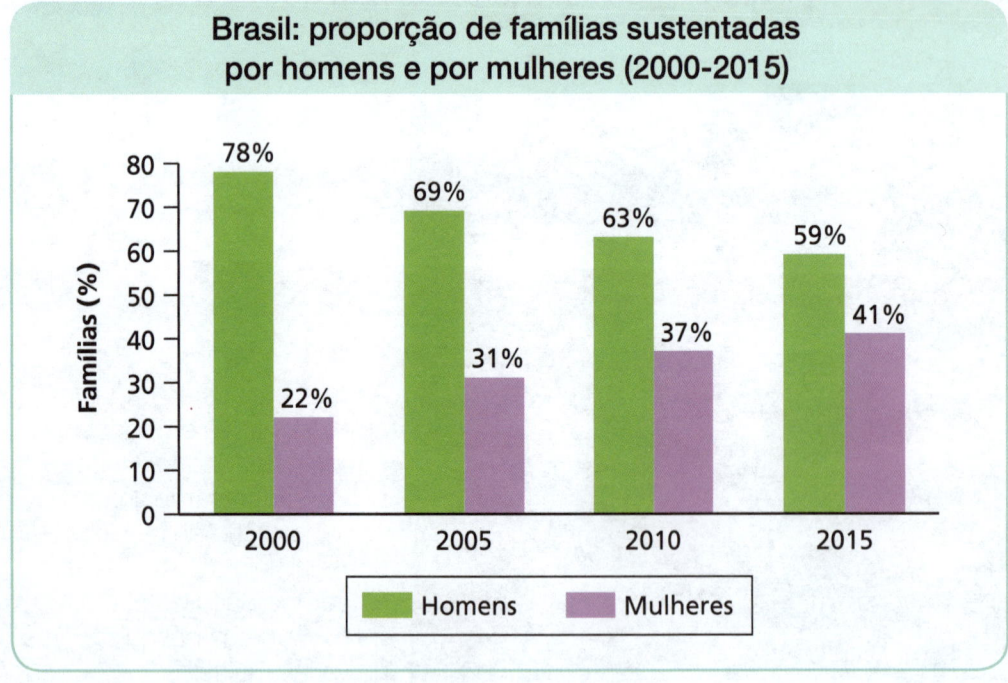

Fontes: IBGE. *Síntese de indicadores sociais*: uma análise das condições de vida da população brasileira 2016. Rio de Janeiro: IBGE, 2016; IBGE. *Estatísticas de gênero*: uma análise dos resultados do censo demográfico 2010. Rio de Janeiro: IBGE, 2014.

8 As mulheres adultas da sua família exercem alguma atividade remunerada? Se sim, qual?

9 Alguma mulher adulta da sua família é a principal responsável pelo sustento financeiro da família?

O envelhecimento da população brasileira

A população de um país pode ser dividida em três faixas etárias: jovens, adultos e idosos.

- **Jovens:** pessoas com até 19 anos.
- **Adultos:** pessoas de 20 a 59 anos.
- **Idosos:** pessoas com 60 anos ou mais.

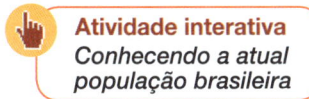

Atividade interativa
Conhecendo a atual população brasileira

Observe, nos esquemas abaixo, como a população brasileira se distribuía nas três faixas etárias nos anos de 1991 e 2015, segundo pesquisas do IBGE.

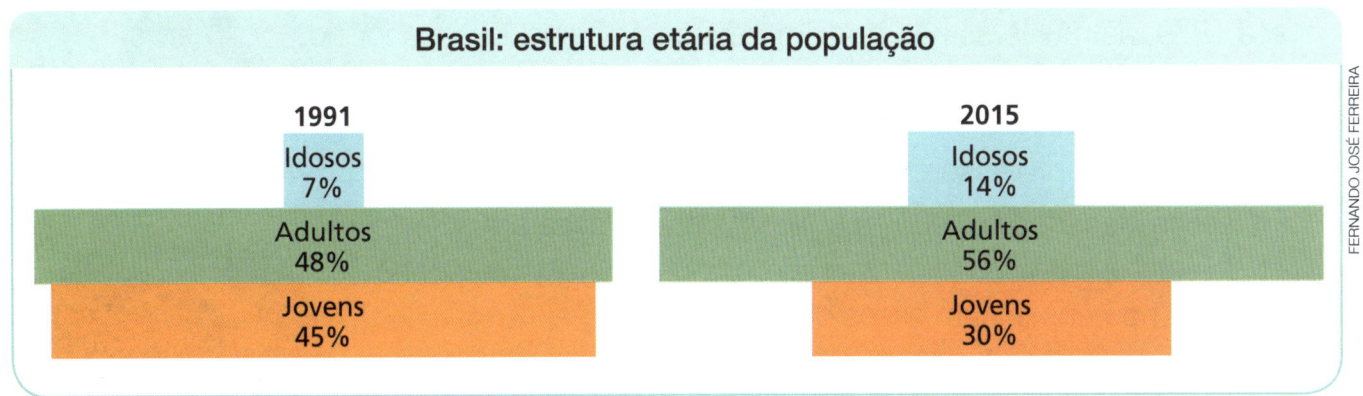

Fontes: IBGE. *Anuário estatístico do Brasil 2000*. Rio de Janeiro: IBGE, 2002; IBGE. *Pesquisa por amostra de domicílios 2015*. Rio de Janeiro: IBGE, 2016.

Você deve ter percebido que, entre 1991 e 2015, a quantidade de jovens diminuiu e a de adultos e de idosos aumentou, indicando que a população brasileira está envelhecendo.

Isso vem ocorrendo porque o número de nascimentos diminuiu e a esperança de vida aumentou.

Observe, no gráfico ao lado, que a esperança de vida dos brasileiros aumentou de 52 anos, em 1960, para 75 anos em 2015. Isso mostra que o brasileiro está vivendo mais tempo. A melhoria das condições de saúde da população tem contribuído para esse aumento da esperança de vida no Brasil.

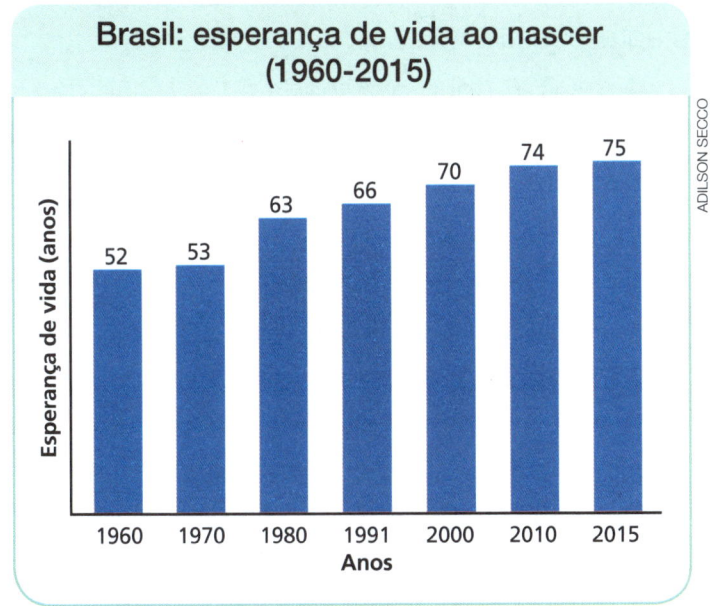

Fontes: IBGE. *Anuário estatístico do Brasil 2015*. Rio de Janeiro: IBGE, 2016; IBGE. *Séries históricas e estatísticas*. Disponível em: <http://mod.lk/espvida>. Acesso em: 23 abr. 2018.

10 Quais são os fatores que contribuem para o envelhecimento da população?

11 Em sua família há idosos? Quem são?

Para ler e escrever melhor

> O texto que você vai ler mostra uma **sequência** de fatos, ao longo do tempo, sobre a história dos direitos das mulheres no Brasil.

Os direitos das mulheres no Brasil

Nem sempre as mulheres tiveram os mesmos direitos que os homens. Durante muito tempo, elas não puderam fazer as mesmas coisas que eram permitidas aos homens.

Até 1879, as mulheres não podiam frequentar o ensino superior no Brasil. E, mesmo depois de terem conseguido esse direito, as mulheres que decidiam estudar na universidade sofriam muito preconceito por parte dos colegas, professores e familiares.

Foi só na década de 1930 que as mulheres passaram a ter o direito de votar e de se candidatar a cargos públicos. Até então, no Brasil, só os homens tinham esses direitos.

Em 1988, a Constituição Federal do Brasil passou a estabelecer que homens e mulheres são iguais em direitos e obrigações, proibindo qualquer forma de discriminação em função do gênero. Mesmo assim, muitas mulheres ainda sofrem discriminação e agressões.

Em 2006, foi promulgada a Lei Maria da Penha, que tem por finalidade coibir todo tipo de violência doméstica contra a mulher.

Atualmente, as mulheres trabalham nas mais diversas funções, ocupam cargos públicos e de chefia, podem estudar e votar.

Mas as mulheres ainda sofrem discriminação, o que pode ser visto na diferença salarial entre homens e mulheres que ocupam o mesmo cargo e na violência que muitas sofrem todos os dias.

Rita Lobato Velho Lopes foi a primeira mulher a se formar no ensino superior no Brasil, no ano de 1887, no curso de Medicina.

Constituição Federal: documento que reúne o conjunto de leis que regulam o funcionamento de um país e definem os direitos e deveres dos seus cidadãos.

Coibir: impedir que continue, fazer parar, reprimir.

1. De que trata o texto?

2. As mulheres sempre tiveram os mesmos direitos que os homens? Explique.

3. Atualmente, as mulheres sofrem discriminação?

4. Quais expressões do texto indicam a passagem do tempo?

5 Complete as frases do esquema de acordo com o texto.

Os direitos das mulheres no Brasil

Até 1879	As mulheres não podiam frequentar o _____.
Na década de 1930	As mulheres passaram a ter o direito de _____ e de _____.
Em 1988	A _____ do Brasil estabeleceu que homens e mulheres são _____ em direitos e obrigações.
Em 2006	Foi promulgada a Lei _____, que tem por finalidade coibir a violência doméstica contra a _____.
Atualmente	As mulheres trabalham nas mais diversas funções, mas ainda sofrem _____.

6 Escreva um texto sobre a história dos direitos dos idosos.

a) Pesquise os direitos que os idosos adquiriram com o passar do tempo.

b) Complete o esquema abaixo com as informações de sua pesquisa.

> Uma boa pesquisa requer **atenção e calma**, por isso, **não tenha pressa**!

Os direitos dos idosos no Brasil

No início	Não havia leis que garantissem direitos específicos para os idosos.
Com o tempo	_____
Atualmente	Os idosos vivem mais e melhor, têm mais direitos e garantias. Entretanto, é preciso acabar com o preconceito e com os maus-tratos dos quais eles ainda são vítimas.

c) Escreva seu texto com base nas informações do esquema.

d) Procure utilizar expressões que indiquem a passagem do tempo. Lembre-se de dar um título ao seu texto.

Capítulo 2 — Movimentos migratórios

A população se movimenta pelo território

Muitas pessoas migram: saem do lugar onde nasceram para viver em outro.

Geralmente quem migra busca melhores condições de vida em outro país, região, estado ou município.

As pessoas que saem de sua terra natal, que é o seu lugar de origem, são chamadas de **emigrantes**. Quando elas entram no novo lugar onde vão viver, são chamadas de **imigrantes**.

Por que as pessoas migram?

Os fluxos migratórios têm diversas causas.

Dificuldades econômicas estão entre os principais fatores que motivam os fluxos migratórios. Em determinadas localidades, os baixos salários ou mesmo a dificuldade de conseguir emprego levam muitas famílias a migrar. Essas pessoas se mudam para lugares que apresentam melhores oportunidades de emprego e acesso a moradia digna, serviços de saúde, educação etc.

Fluxos migratórios: termo utilizado para se referir aos movimentos de emigração e imigração entre diferentes territórios.

O sertão, na Região Nordeste do Brasil, é marcado por longos períodos de seca. A falta de chuva traz dificuldades econômicas à população, forçando muitas famílias a migrar. Na foto, criação de animais prejudicada pela seca no município de Cansanção, estado da Bahia, em 2015.

O surgimento de adversidades causadas por fatores naturais também pode incentivar a migração. Em regiões sujeitas a longos períodos de seca ou que sofrem as consequências de fenômenos como terremotos e furacões, muitas pessoas migram em busca de uma nova vida em outro lugar.

Em 2010, um terremoto no Haiti, país localizado na América Central, causou muitas dificuldades à população. Milhares de haitianos migraram em busca de uma vida melhor em outros países.

Milhares de construções foram destruídas pelo terremoto que ocorreu no Haiti em 2010.

Os refugiados

Deslocamentos populacionais também podem ser motivados por guerras e por perseguições políticas ou religiosas. Nesse caso, muitas pessoas são forçadas a deixar seu lugar de origem em busca de segurança em outros países, tornando-se refugiadas.

Recentemente, conflitos armados na Síria, país localizado no continente asiático, levaram milhares de famílias a se refugiar em países vizinhos e de outros continentes.

1 Quais são as principais causas dos fluxos migratórios?

Migração externa e migração interna

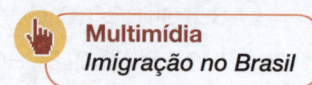
Multimídia
Imigração no Brasil

Os movimentos migratórios podem ser externos ou internos.

Quando as pessoas migram de um país para outro, trata-se de **migração externa**. Mas, quando as pessoas migram de um lugar para outro dentro do próprio país, por exemplo, de um município para outro, trata-se de **migração interna**.

Migrações externas no Brasil

Grande parte da população brasileira é formada por descendentes de imigrantes que vieram de diferentes partes do mundo.

Entre 1884 e 1939, cerca de 4 milhões de imigrantes entraram no Brasil, contribuindo para aumentar a população brasileira.

Observe, na tabela ao lado, o total de imigrantes, por nacionalidade, que entraram no Brasil durante esse período.

Fonte: IBGE. *Brasil*: 500 anos de povoamento. Rio de Janeiro: IBGE, 2000.

Chegada de imigrantes no Brasil (1884-1939)	
Nacionalidade	Imigrantes
Italianos	1.412.263
Portugueses	1.204.394
Espanhóis	581.718
Alemães	170.645
Japoneses	185.799
Sírios e turcos	98.962
Outros	504.936
Total	**4.158.717**

Influências de povos estrangeiros que migraram para o Brasil podem ser observadas na arquitetura de cidades que receberam imigrantes. Na foto, de 2017, podemos perceber a influência de imigrantes alemães nas construções da cidade de Blumenau, estado de Santa Catarina.

Atualmente, ainda que o fluxo seja menor, muitos estrangeiros têm migrado para o Brasil. É o caso de coreanos, chineses, bolivianos, paraguaios, portugueses, moçambicanos, angolanos, além de sírios e haitianos.

Esses imigrantes vêm para fixar moradia e trabalhar, estudar, procurar oportunidades de uma vida melhor, enfim, realizar sonhos.

Imigrantes haitianos assistem a palestra para o trabalho em empresa de construção civil no município de São Paulo, estado de São Paulo, em 2013.

Muitos brasileiros também emigram

Da mesma forma que o Brasil recebe imigrantes, milhares de brasileiros também emigram, isto é, saem do Brasil para viver em outros países. Geralmente eles vão em busca de melhores oportunidades de emprego e de educação.

Os Estados Unidos são o país que mais recebe imigrantes brasileiros.

Em 2015, de acordo com estimativas do governo do Brasil, cerca de 3 milhões de brasileiros viviam no exterior. Destes, quase metade vivia nos Estados Unidos.

Os brasileiros que vivem nos Estados Unidos trabalham nas mais diversas funções. Em razão da grande quantidade de brasileiros nesse país, existem muitos restaurantes especializados em comida brasileira e até jornais publicados em língua portuguesa.

No primeiro domingo do mês de setembro, a comunidade brasileira que vive em Nova Iorque, nos Estados Unidos, se reúne em uma rua chamada *Little Brazil* (em português, Pequeno Brasil) para comemorar a Independência do Brasil. Nesse dia, artistas brasileiros animam a festa e barracas vendem comidas típicas do Brasil. Na foto, comemoração do *Brazilian Day*, como é conhecida essa festa, no ano de 2016, em Nova Iorque, Estados Unidos.

O Paraguai é outro país onde vive um grande número de emigrantes brasileiros. Atualmente, mais de 300 mil brasileiros vivem nesse país. A maioria se dedica a atividades agrícolas.

Esses emigrantes começaram a se mudar para o Paraguai no final da década de 1970, quando o governo paraguaio permitiu que brasileiros adquirissem terras no país. Eles são conhecidos como **brasiguaios**.

2 Qual é a diferença entre emigração e imigração?

_____
_____
_____

3 Observe o gráfico e responda.

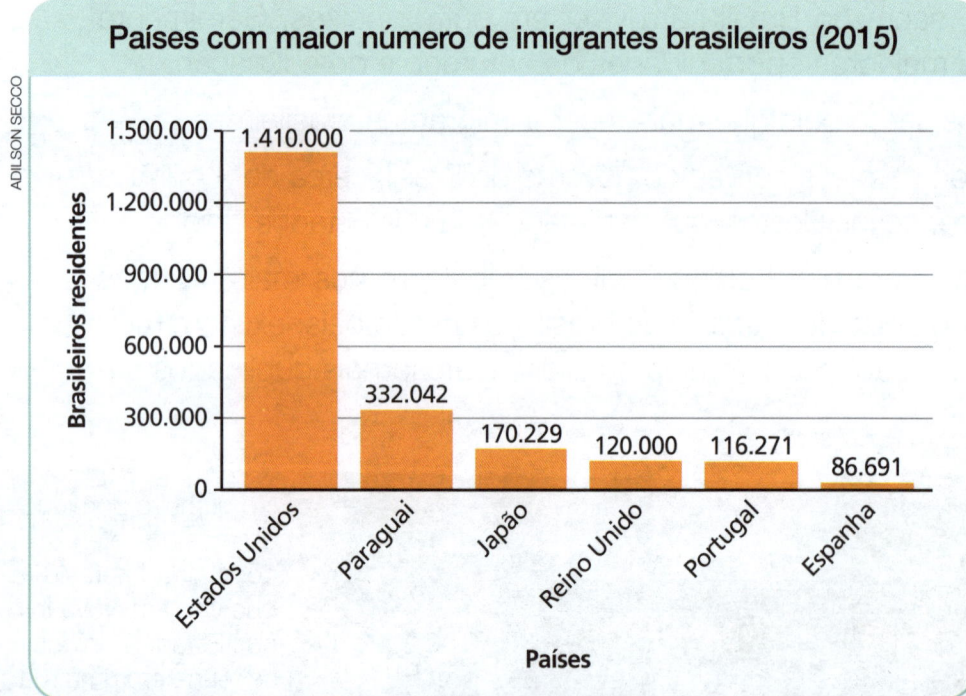

Países com maior número de imigrantes brasileiros (2015)

Estados Unidos: 1.410.000
Paraguai: 332.042
Japão: 170.229
Reino Unido: 120.000
Portugal: 116.271
Espanha: 86.691

Fonte: Ministério das Relações Exteriores. *Brasileiros no mundo*. Estimativas populacionais das comunidades brasileiras no mundo em 2015. Disponível em: <http://mod.lk/migbras>. Acesso em: 23 abr. 2018.

a) Que informações o gráfico apresenta?

_____
_____

b) Que país tinha o maior número de imigrantes brasileiros em 2015?

_____
_____

Migrações internas no Brasil

No Brasil, as migrações internas são motivadas geralmente por fatores econômicos. Vamos conhecer os principais fluxos migratórios que ocorreram no Brasil desde os anos de 1950.

As migrações de 1950 a 1970

A partir da década de 1950, a industrialização dos estados de São Paulo e do Rio de Janeiro atraiu muitos migrantes para a Região Sudeste.

Além da oferta de emprego nas fábricas e nos estabelecimentos comerciais e de serviços, a infraestrutura disponível no Sudeste também ajudava a proporcionar melhores condições de vida à população.

Por outro lado, o Nordeste enfrentava problemas relacionados às secas prolongadas e à baixa oferta de emprego para a população. Por isso, tornou-se a principal região de origem dos deslocamentos populacionais desse período.

A maior parte dos migrantes nordestinos se dirigiu para o Sudeste.

É importante destacar que, na década de 1950, a construção de Brasília também atraiu para o Centro-Oeste muitos migrantes nordestinos que buscavam trabalho e uma vida melhor.

Entre 1956 e 1960, milhares de migrantes nordestinos trabalharam na construção de Brasília, que passaria a ser a nova capital do país. Foto de 1959.

4 Observe o mapa e responda às questões.

Fonte: Ariovaldo Umbelino de Oliveira. *Integrar para não entregar*: políticas públicas e Amazônia. 2. ed. Campinas: Papirus, 1991. p. 75 e 76.

a) O que o mapa mostra?

b) Nesse período, qual região brasileira atraía mais migrantes? Por quê?

c) Essa região atraía migrantes de qual região?

As migrações de 1970 a 1990

O deslocamento populacional do Nordeste para o Sudeste continuou a acontecer. Contudo, novos fluxos migratórios se formaram no Brasil entre 1970 e 1990.

Nas regiões Norte e Centro-Oeste, surgiram novas oportunidades de trabalho ligadas à agropecuária e ao extrativismo. Além disso, diversas obras de infraestrutura começaram a ser realizadas nessas regiões, com destaque para a construção de rodovias e hidrelétricas. Essas obras também atraíram milhares de migrantes.

Tudo isso contribuiu para o grande fluxo de migrantes das regiões Sul, Sudeste e Nordeste para as regiões Norte e Centro-Oeste.

Observe, no mapa, os principais fluxos migratórios desse período.

Fontes: Ariovaldo Umbelino de Oliveira. *Amazônia*: monopólio, expropriação e conflitos. 4. ed. Campinas: Papirus, 1993. p. 92; IBGE. *Anuário estatístico do Brasil 1992*. Rio de Janeiro: IBGE, 1992.

5 Que fatores contribuíram para atrair migrantes para as regiões Norte e Centro-Oeste no período de 1970 a 1990? De quais regiões se originaram esses fluxos migratórios?

As migrações de 1990 a 2010

Embora as migrações do Nordeste para o Sudeste continuem ocorrendo, desde a década de 1990 observam-se algumas mudanças nos fluxos migratórios entre as regiões do Brasil.

As migrações dentro de cada região se intensificaram. Na maioria das unidades federativas, é possível identificar fluxos entre unidades federativas vizinhas ou próximas.

Outra mudança que desperta a atenção, nesse período, é a chamada **migração de retorno**. Trata-se do fluxo migratório no qual os migrantes voltam para os seus lugares de origem, ou seja, regressam à terra natal.

A migração de retorno deu-se principalmente do Sudeste para o Nordeste e está relacionada ao crescimento da economia nordestina e à melhoria da infraestrutura local. Como você já estudou, esses fatores são essenciais para atrair contingentes populacionais.

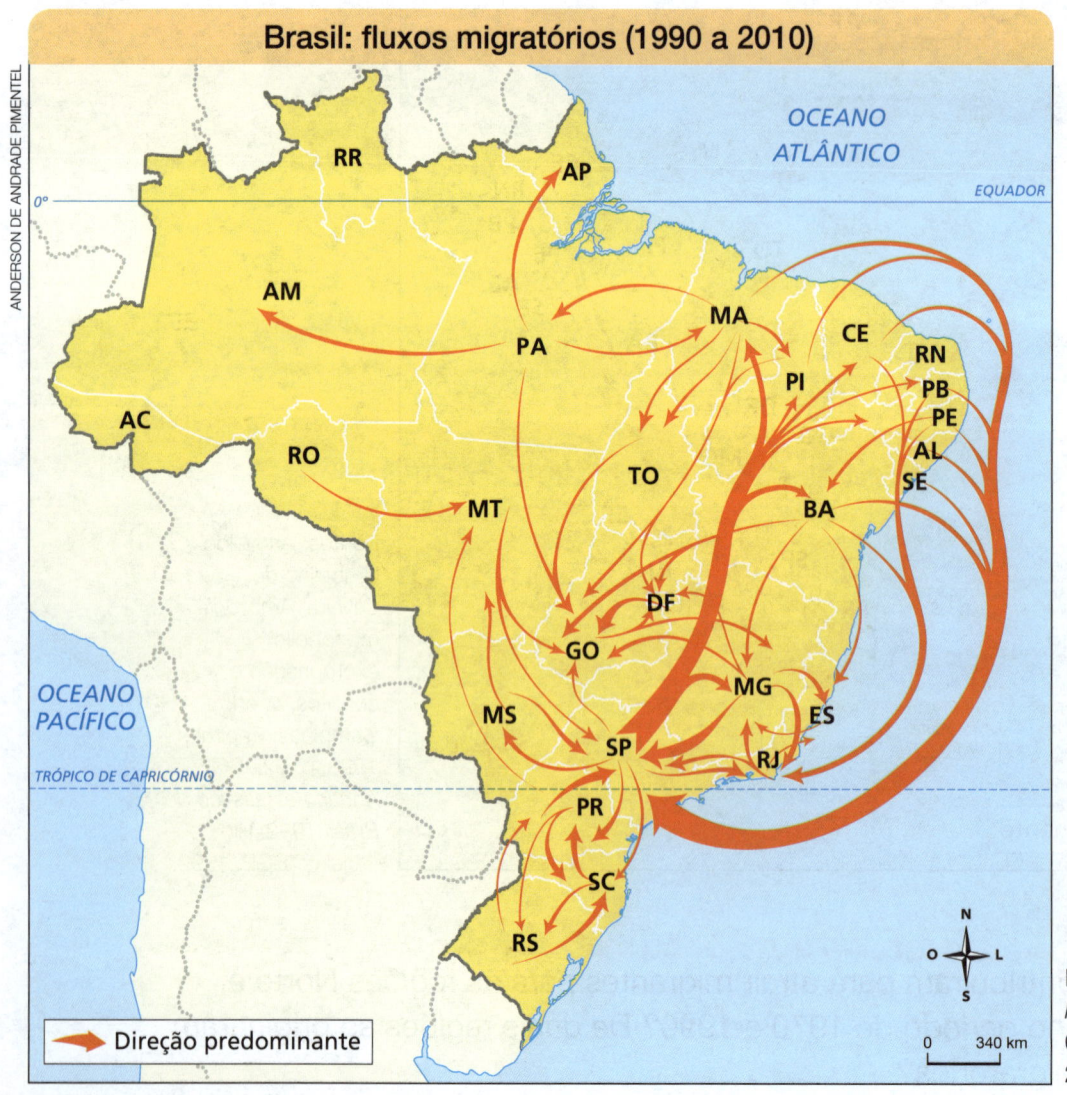

Fonte: Graça M. L. Ferreira. *Moderno atlas geográfico*. 6. ed. São Paulo: Moderna, 2016.

6 Quais foram as regiões de origem e de destino dos dois principais fluxos migratórios que ocorreram entre 1990 e 2010?

_____
_____
_____
_____

7 O que é migração de retorno?

_____
_____
_____
_____

8 Com base no mapa da página anterior, responda às questões.

a) Identifique a origem e o destino de um dos fluxos migratórios que aconteceram dentro da região em que você vive.

_____
_____

b) Quanto à unidade federativa onde você vive, analise um dos fluxos migratórios e identifique a origem e o destino dos deslocamentos.

_____
_____

9 Em sua opinião, quais são os fatores que motivam os fluxos migratórios relacionados à unidade federativa onde você vive?

_____
_____
_____
_____
_____

CAPÍTULO 3 — O Brasil e suas diferenças sociais

A desigualdade na distribuição da renda gera desigualdade social

No Brasil, a distribuição de renda entre a população é feita de modo desigual. Isso quer dizer que, em nosso país, a maior parte da renda fica concentrada em uma pequena parcela da população, ou seja, poucas pessoas ficam com a maior parte da renda.

A desigualdade na distribuição da renda gera desigualdade social, pois é a renda que permite que as pessoas tenham acesso a bens e serviços que atendam às necessidades delas.

A desigualdade social pode ser percebida, por exemplo, quando observamos que algumas pessoas têm acesso a alimentação adequada, moradia digna, boa educação, lazer e atendimento à saúde de qualidade, enquanto outras pessoas não têm.

Imagine que um bolo inteiro representa toda a renda nacional. Observe, nas ilustrações desta página, que metade do bolo será distribuída entre pouquíssimas pessoas e a outra metade será distribuída entre muitas pessoas. É isso o que acontece com a distribuição da renda no Brasil: poucas pessoas recebem uma fatia muito grande do bolo e muitas pessoas recebem uma fatia muito pequena do bolo. Em outras palavras: poucos têm muito e muitos têm pouco.

ILUSTRAÇÕES: DENIS ALONSO

A desigualdade social ocorre em todo o nosso país e manifesta-se de maneira mais ou menos intensa em cada região, em cada unidade federativa ou em cada município.

Quanto melhor é o desenvolvimento de um lugar, melhores são as condições de vida da população desse lugar. Essas condições podem ser avaliadas por meio de indicadores sociais, como renda, acesso a serviços de saneamento básico, taxa de mortalidade infantil, esperança de vida ao nascer, escolaridade, entre outros.

Contudo, é importante esclarecer que, mesmo nas unidades federativas mais desenvolvidas, também existem profundas desigualdades sociais.

Assim, pode-se afirmar que, embora as unidades federativas mais desenvolvidas apresentem condições de vida mais favoráveis à população, essas condições não são acessíveis a todos os seus habitantes.

Paisagem no município de São Paulo, estado de São Paulo, em 2016. Embora a economia desse estado seja uma das mais ricas e desenvolvidas de todo o Brasil, podemos perceber a desigualdade na distribuição da riqueza por meio dos contrastes sociais que seus municípios apresentam.

 1. A foto acima representa a desigualdade social no Brasil. Explique.

 2. Observe os contrastes sociais no lugar onde você vive.

    a) Qual deles chama mais sua atenção?

    b) Como você explica a existência desse contraste?

3 O mapa a seguir apresenta a distribuição percentual de moradias com acesso à rede coletora de esgoto (esgotamento sanitário), por unidade federativa, em 2015.

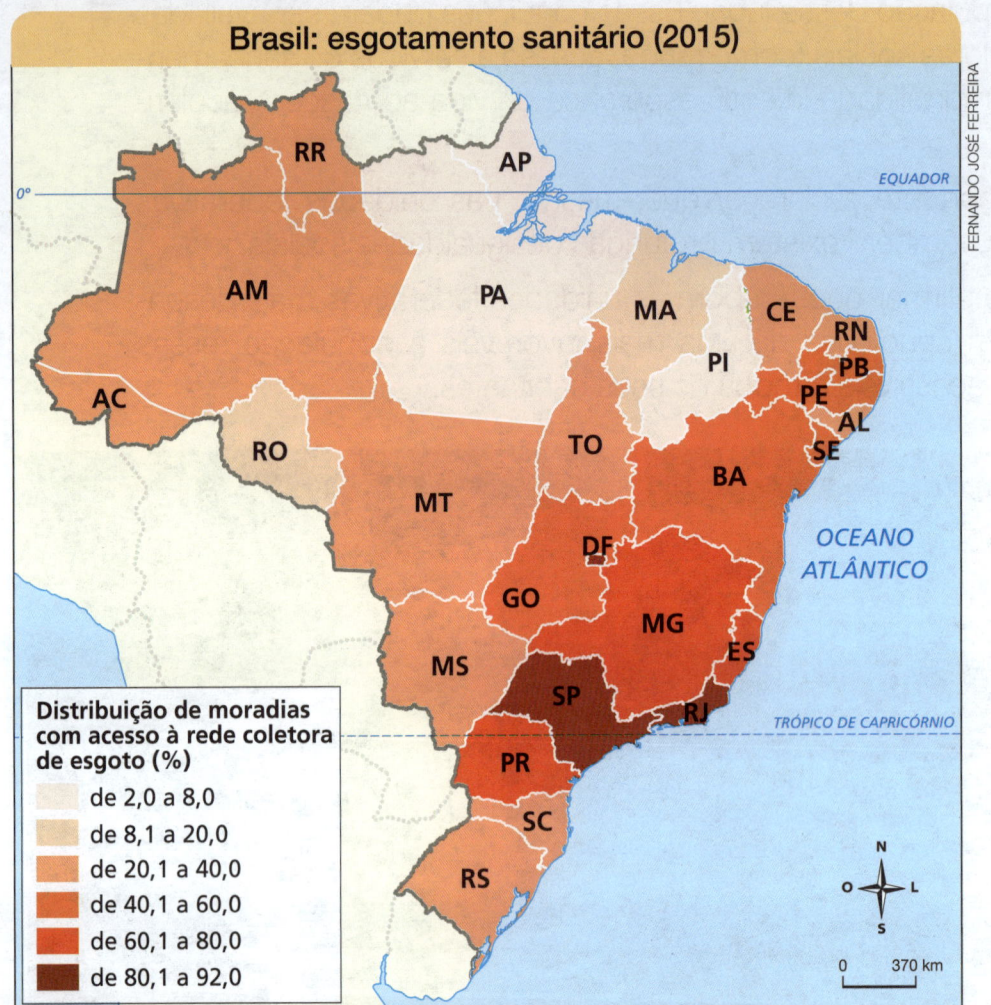

Fonte: IBGE. *Pesquisa nacional por amostra de domicílios 2015*. Rio de Janeiro: IBGE, 2016.

a) Quais unidades federativas apresentavam os menores percentuais de moradias com acesso à rede coletora de esgoto em 2015?

b) Quais unidades federativas apresentavam os maiores pencentuais de moradias com acesso à rede coletora de esgoto em 2015?

c) Qual é a faixa percentual de moradias com acesso à rede coletora de esgoto na unidade federativa onde você vive?

d) É importante que as moradias tenham acesso à rede coletora de esgoto? Por quê?

e) Em sua opinião, o que deveria ser feito para aumentar a quantidade de moradias com acesso à rede coletora de esgoto?

4 Leia o texto do quadro e, em seguida, observe o mapa.

> A **taxa de mortalidade infantil** representa o número de óbitos (mortes) de crianças menores de um ano de idade para cada grupo de mil crianças nascidas vivas.
> Essa taxa também é representada pelo símbolo ‰, já que ela se refere a cada grupo de mil crianças nascidas vivas.

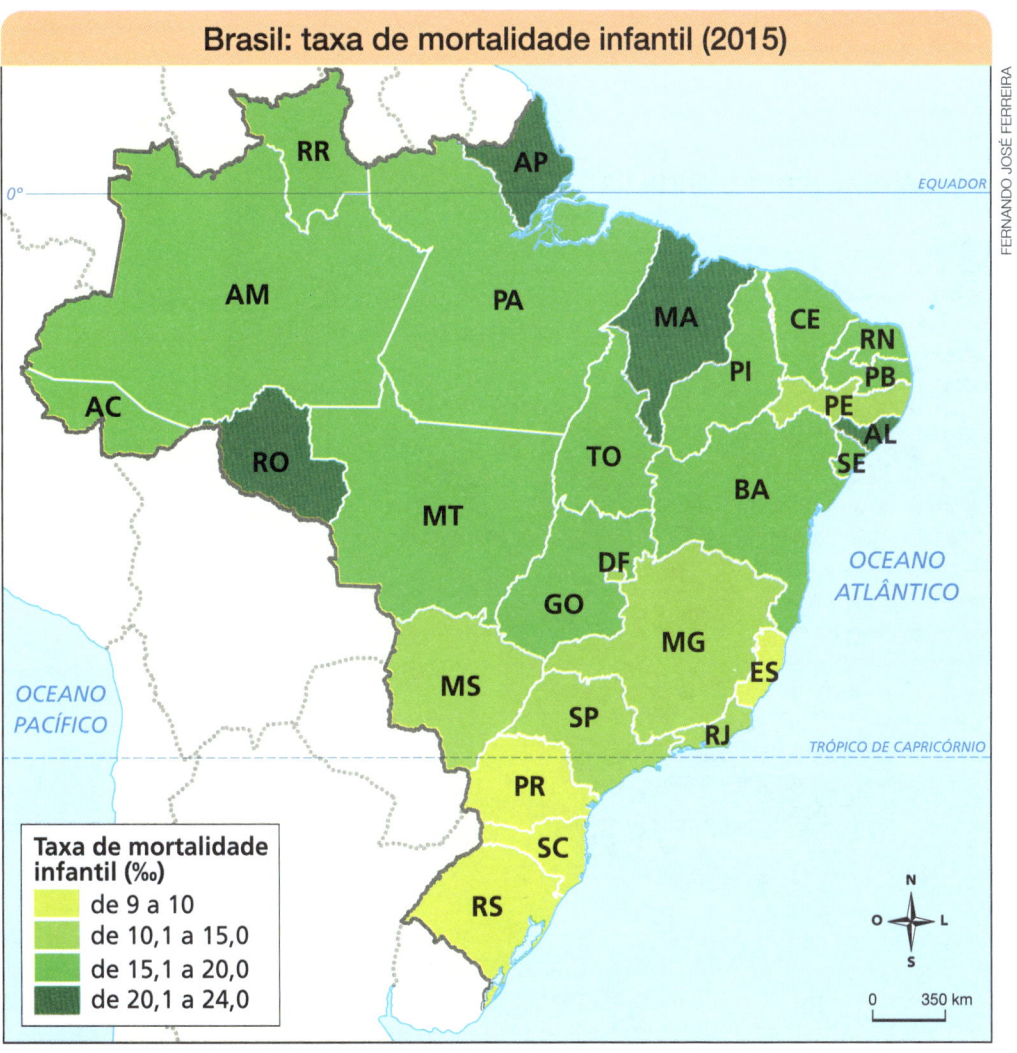

Fonte: IBGE. *Síntese de indicadores sociais*: uma análise das condições de vida da população brasileira 2016. Disponível em: <http://mod.lk/indsoc>. Acesso em: 23 abr. 2018.

a) Quais unidades federativas têm as maiores taxas de mortalidade infantil?

b) E quais unidades federativas têm as menores taxas de mortalidade infantil?

c) A unidade federativa onde você mora está entre as que têm as maiores ou as menores taxas de mortalidade infantil?

d) Em sua opinião, por que algumas unidades federativas apresentam taxas de mortalidade infantil tão altas?

Medindo a desigualdade de renda no Brasil

A sociedade brasileira é marcada por grande desigualdade de renda, mas existem lugares em que essa desigualdade é maior do que em outros.

Para medir a desigualdade de renda utiliza-se o **índice de Gini**.

O índice de Gini é uma medida que vai de 0 a 1. Quanto mais próximo de zero é o valor desse índice, menor é a desigualdade, e quanto mais próximo de 1 é o valor, maior é a desigualdade de renda.

O mapa a seguir mostra a distribuição de renda no Brasil por meio do índice de Gini.

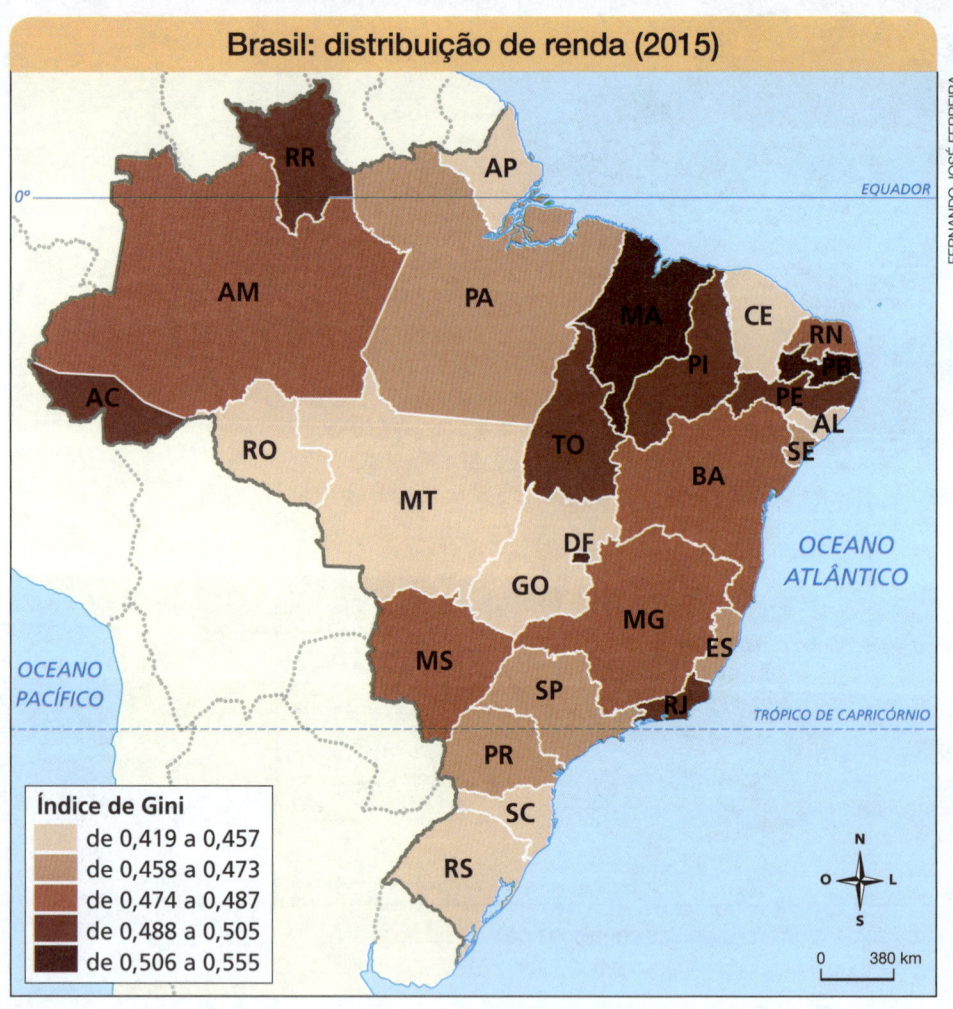

Fonte: IBGE. *Síntese de indicadores sociais*: uma análise das condições de vida da população brasileira 2015. Rio de Janeiro: IBGE, 2015.

5 Com base no mapa, responda às questões.

a) Em quais unidades federativas a desigualdade na distribuição de renda é maior?

b) Em quais unidades federativas a desigualdade é menor?

c) Em qual faixa do índice de Gini está a unidade federativa em que você vive?

As desigualdades entre negros e brancos no Brasil

Você estudou que a desigualdade na distribuição de renda gera desigualdade social. No entanto, ao avaliar as condições de vida da população, percebemos que as desigualdades sociais são mais profundas entre a parcela da população que se autodeclara de cor ou raça preta ou parda, demonstrando uma sociedade marcada, ainda, por desigualdades raciais. A origem disso tem relação com a própria formação da sociedade brasileira.

Durante o período colonial, entre os séculos XVI e XIX, as terras eram controladas pelos grandes fazendeiros, que também detinham o poder político e econômico. Já a força de trabalho era composta, em sua maioria, de africanos trazidos como escravos para as terras brasileiras.

Após o fim da escravidão, em 1888, não houve uma política que garantisse aos escravos libertos e seus descendentes acesso a moradia e a propriedade da terra, a educação, entre outros bens e serviços necessários ao desenvolvimento humano. Ou seja, não se garantiram as condições mínimas para que essas pessoas pudessem viver de forma digna.

O gráfico ao lado mostra que os negros ainda são maioria entre os mais pobres da população brasileira.

Parcela de brancos e negros entre os 10% mais pobres e entre o 1% mais rico da população brasileira (2015)

- 10% mais pobres: Negros 75,5%; Brancos 23,4%
- 1% mais rico: Brancos 79,7%; Negros 17,8%

Nas pesquisas realizadas pelo IBGE, a população negra é composta das pessoas que se declaram de cor ou raça preta ou parda.

Fonte: IBGE. *Síntese de indicadores sociais*: uma análise das condições de vida da população brasileira 2016. Rio de Janeiro: IBGE, 2016.

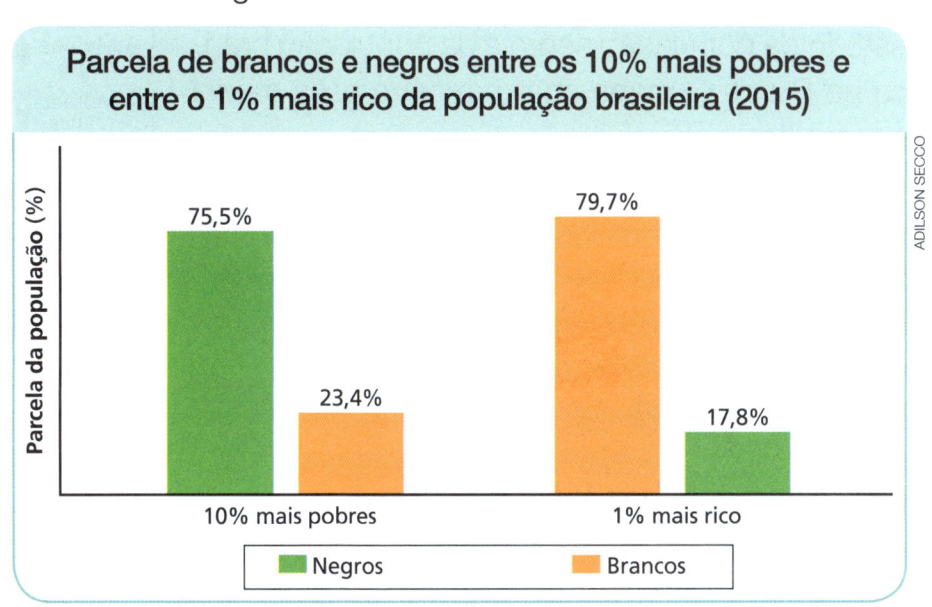

6 Com base no gráfico, responda às questões.

a) Em 2015, havia mais brancos ou mais negros entre os 10% mais pobres da população brasileira?

_____

_____

b) Em 2015, havia mais brancos ou mais negros entre o 1% mais rico da população brasileira?

_____

_____

Atualmente, mais de um século após a abolição da escravidão no Brasil, muitos descendentes de africanos ainda enfrentam dificuldades provenientes da discriminação racial.

Diversos indicadores sociais ressaltam as desigualdades entre negros e brancos, revelando que, em geral, a parcela negra da população brasileira apresenta condições de vida inferiores às da parcela branca. Vamos conhecer alguns exemplos que evidenciam essa realidade.

Educação

Pesquisas mostraram que os negros têm, em média, menos anos de estudo do que os brancos, apresentando, assim, nível de escolaridade inferior em relação aos brancos.

O mapa ao lado mostra a média de anos de estudo da população negra e da população branca no Brasil. O mapa abaixo mostra essa média por região.

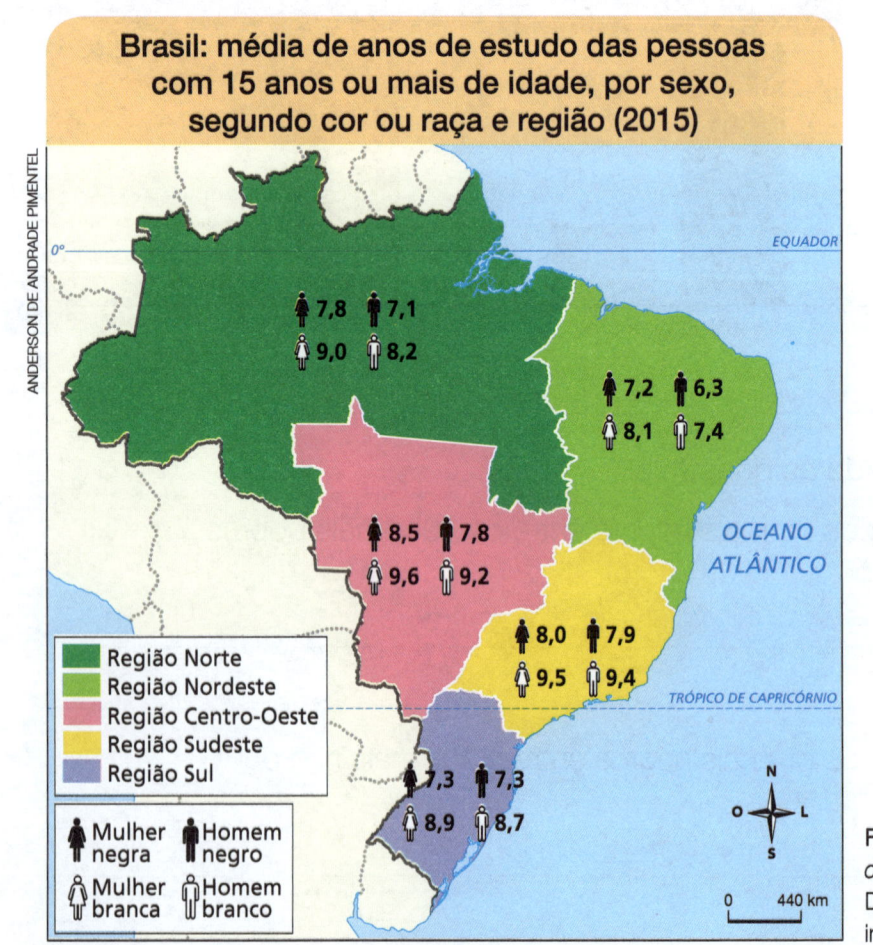

Brasil: média de anos de estudo das pessoas com 15 anos ou mais de idade, por sexo, segundo cor ou raça (2015)

Mulher negra: 7,7 — Homem negro: 7,2
Mulher branca: 9,1 — Homem branco: 8,9

Fonte: Ipea. *Retrato das desigualdades de gênero e raça*. Disponível em: <http://mod.lk/indeduc>. Acesso em: 24 abr. 2018.

Brasil: média de anos de estudo das pessoas com 15 anos ou mais de idade, por sexo, segundo cor ou raça e região (2015)

- Região Norte: Mulher negra 7,8 / Homem negro 7,1 / Mulher branca 9,0 / Homem branco 8,2
- Região Nordeste: Mulher negra 7,2 / Homem negro 6,3 / Mulher branca 8,1 / Homem branco 7,4
- Região Centro-Oeste: Mulher negra 8,5 / Homem negro 7,8 / Mulher branca 9,6 / Homem branco 9,2
- Região Sudeste: Mulher negra 8,0 / Homem negro 7,9 / Mulher branca 9,5 / Homem branco 9,4
- Região Sul: Mulher negra 7,3 / Homem negro 7,3 / Mulher branca 8,9 / Homem branco 8,7

Fonte: Ipea. *Retrato das desigualdades de gênero e raça*. Disponível em: <http://mod.lk/indeduc>. Acesso em: 24 abr. 2018.

7 Com base nos mapas da página anterior, responda às questões.

a) Qual é a média de anos de estudo das mulheres negras no Brasil? E das mulheres brancas?

_____
_____
_____

b) Qual é a média de anos de estudo dos homens negros no Brasil? E dos homens brancos?

_____
_____
_____

c) E na região em que você vive, qual é a média de anos de estudo das mulheres e dos homens, considerando a cor ou raça?

_____
_____
_____

d) Em qual região mulheres brancas e negras têm mais anos de estudo, em média? E em qual região homens negros e brancos têm mais anos de estudo, em média?

_____
_____
_____
_____

e) Qual região apresenta as menores médias de anos de estudo para o grupo de mulheres negras e brancas? E para o grupo de homens negros e brancos?

_____
_____
_____
_____

Desemprego

A tabela a seguir mostra as taxas de desemprego entre brancos e negros no Brasil.

Brasil: taxa de desemprego da população com 16 anos ou mais de idade (2015)				
Brasil e grandes regiões	Grupos por sexo, segundo cor ou raça			
	Mulher negra	Mulher branca	Homem negro	Homem branco
Brasil	13,3%	9,6%	8,5%	6,8%
Região Norte	12,4%	12,2%	6,4%	6,2%
Região Nordeste	13,1%	11,0%	8,2%	8,1%
Região Centro-Oeste	14,6%	10,4%	10,3%	7,7%
Região Sudeste	11,4%	7,4%	6,5%	4,9%
Região Sul	10,5%	8,5%	6,5%	4,8%

Fonte: Ipea. *Retrato das desigualdades de gênero e raça*. Disponível em: <http://mod.lk/merctrab>. Acesso em: 24 abr. 2018.

Ao analisar os dados por grupos de pessoas do mesmo sexo, segundo cor ou raça, observa-se que a taxa de desemprego das mulheres negras é maior do que a das mulheres brancas. Da mesma forma, a taxa de desemprego dos homens negros é maior do que a dos homens brancos.

Além disso, os dados mostram que, independentemente de cor ou raça, a taxa de desemprego entre as mulheres é maior do que entre os homens.

8 Com base nos dados da tabela, responda às perguntas.

a) Qual é a taxa de desemprego de mulheres negras na região onde você vive? E de mulheres brancas?

b) Qual é a taxa de desemprego de homens negros na região onde você vive? E de homens brancos?

c) Qual região apresenta a maior taxa de desemprego entre mulheres negras? E entre mulheres brancas?

d) Qual região apresenta a maior taxa de desemprego entre homens negros? E entre homens brancos?

9 No Brasil, as mulheres são as que mais sofrem com o problema do desemprego, especialmente as mulheres negras. Em sua opinião, por que isso acontece?

Acesso aos serviços de saneamento básico

Assegurar que todas as moradias tenham acesso aos serviços de saneamento básico é fundamental para garantir a saúde e o bem-estar do conjunto da população. A falta de saneamento favorece a proliferação de doenças, além de degradar o meio ambiente.

> **Saneamento básico:** serviços de abastecimento de água tratada e encanada, de coleta de esgoto e de coleta de lixo.

O acesso a esses serviços é mais um indicador que mostra a desigualdade entre negros e brancos no Brasil.

Ao observar os dados sobre a proporção de moradias situadas em áreas urbanas com acesso à rede de coleta de esgoto, constata-se que a condição da população negra é inferior em relação à da população branca.

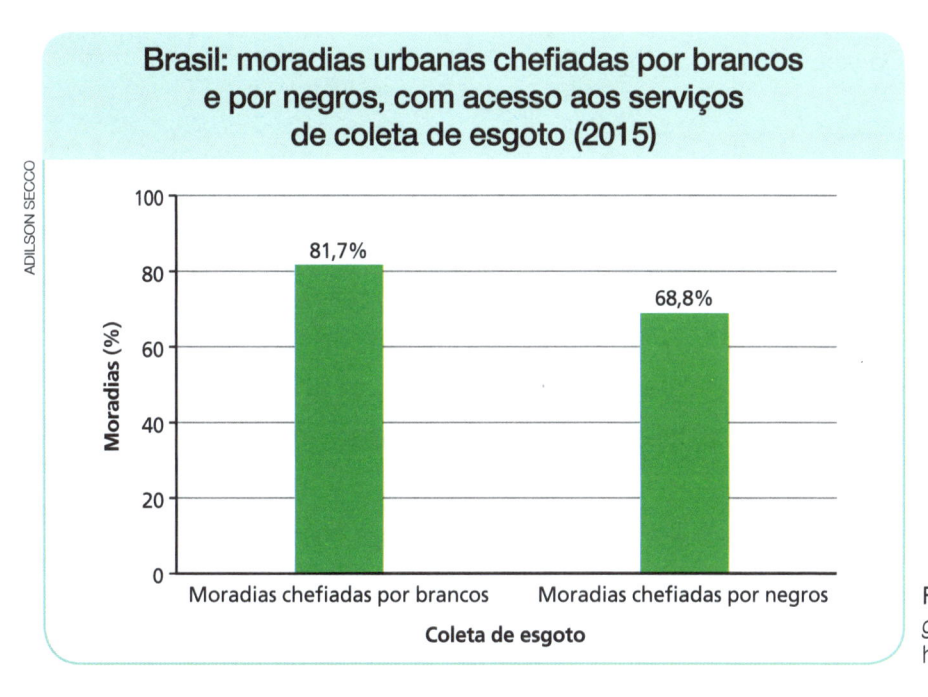

Brasil: moradias urbanas chefiadas por brancos e por negros, com acesso aos serviços de coleta de esgoto (2015)

- Moradias chefiadas por brancos: 81,7%
- Moradias chefiadas por negros: 68,8%

Fonte: Ipea. *Retrato das desigualdades de gênero e raça*. Disponível em: <http://mod.lk/habsanea>. Acesso em: 24 abr. 2018.

10 Com base no gráfico, responda.

a) Qual é a porcentagem de moradias chefiadas por negros com acesso à coleta de esgoto?

_____

b) E a porcentagem de moradias chefiadas por brancos?

_____

11 Em sua opinião, por que essas diferenças existem se o saneamento básico é um serviço essencial para o bem-estar de todos? Converse sobre isso com os colegas e o professor.

O mundo que queremos

Construindo uma sociedade mais justa

Leia, no quadro, o artigo 3º da Constituição Federal do Brasil.

> Art. 3º Constituem objetivos fundamentais da República Federativa do Brasil:
> I – construir uma sociedade livre, justa e solidária;
> II – garantir o desenvolvimento nacional;
> III – erradicar a pobreza e a marginalização e reduzir as desigualdades sociais e regionais;
> IV – promover o bem de todos, sem preconceitos de origem, raça, sexo, cor, idade e quaisquer outras formas de discriminação.
>
> Brasil. *Constituição da República Federativa do Brasil*. 14. ed. São Paulo: Rideel, 2008. p. 2.

Podemos perceber que esses objetivos visam à construção de uma sociedade bem diferente desta em que vivemos atualmente.

O Brasil é um país que apresenta profundas desigualdades sociais, decorrentes, principalmente, da má distribuição de renda.

Em nossa sociedade, existem muitas pessoas que não têm renda suficiente nem mesmo para satisfazer as necessidades básicas de alimentação, moradia e educação.

Uma parcela significativa da população brasileira ainda sofre com as mais diversas formas de discriminação.

Parece que esses objetivos estão longe de ser alcançados, não é mesmo?

Município do Rio de Janeiro, estado do Rio de Janeiro, 2017.

1 O que significa dizer que o Brasil é um país com profundas desigualdades sociais?

_____
_____
_____

2 Em sua opinião, o Brasil tem conseguido garantir a toda a população os objetivos descritos no artigo 3º da Constituição Federal?

3 O que poderia ser feito para construirmos uma sociedade mais justa?

Vamos fazer

Você estudou que o Brasil apresenta grandes desigualdades sociais. Como você percebe a existência de desigualdades sociais no lugar onde vive? Em grupo, elaborem cartazes com imagens mostrando essas desigualdades. Sigam as etapas e bom trabalho!

Para elaborar as legendas, **utilizem o que aprenderam** no estudo do tema. **Organizem a apresentação** dos cartazes e caprichem na hora de explicar as imagens!

Etapas

1. Procurem imagens que representem desigualdades sociais que ocorrem no lugar onde vocês vivem.

2. Organizem e colem as imagens em cartolinas. Escrevam uma pequena legenda para cada imagem, relacionando-a à desigualdade social. Lembrem-se de escrever o título de cada cartaz.

3. Apresentem os cartazes aos colegas e ao professor, explicando cada imagem.

4. Após observar os cartazes apresentados pela turma, conversem sobre as causas dessas desigualdades e suas consequências para toda a sociedade.

O que você aprendeu

1 Analise o quadro abaixo, que apresenta informações de algumas das unidades federativas do Brasil, e responda às questões.

Unidade federativa	População	Área (km²)	Densidade demográfica (hab./km²)
Distrito Federal	2.914.830	5.801	502
Paraná	11.163.018	199.314	56
Amazonas	3.938.336	1.559.161	3
Maranhão	6.904.241	331.983	21
Rio de Janeiro	16.550.024	43.696	379

Fonte: IBGE. *Anuário estatístico do Brasil 2015*. Rio de Janeiro: IBGE, 2016.

a) Qual é a unidade federativa mais populosa? E a menos populosa?

_____
_____
_____

b) Qual é a unidade federativa mais povoada? E a menos povoada? Explique.

_____
_____
_____
_____

2 Leia as afirmativas abaixo.

(A) Poucos têm pouco, muitos têm muito.

(B) Poucos têm muito, muitos têm pouco.

- Qual dessas afirmativas explica a distribuição de renda no Brasil? Registre como você chegou a essa conclusão.

_____
_____
_____

3 Observe este mapa. Ele mostra o percentual de idosos no total da população de cada unidade federativa em 2015.

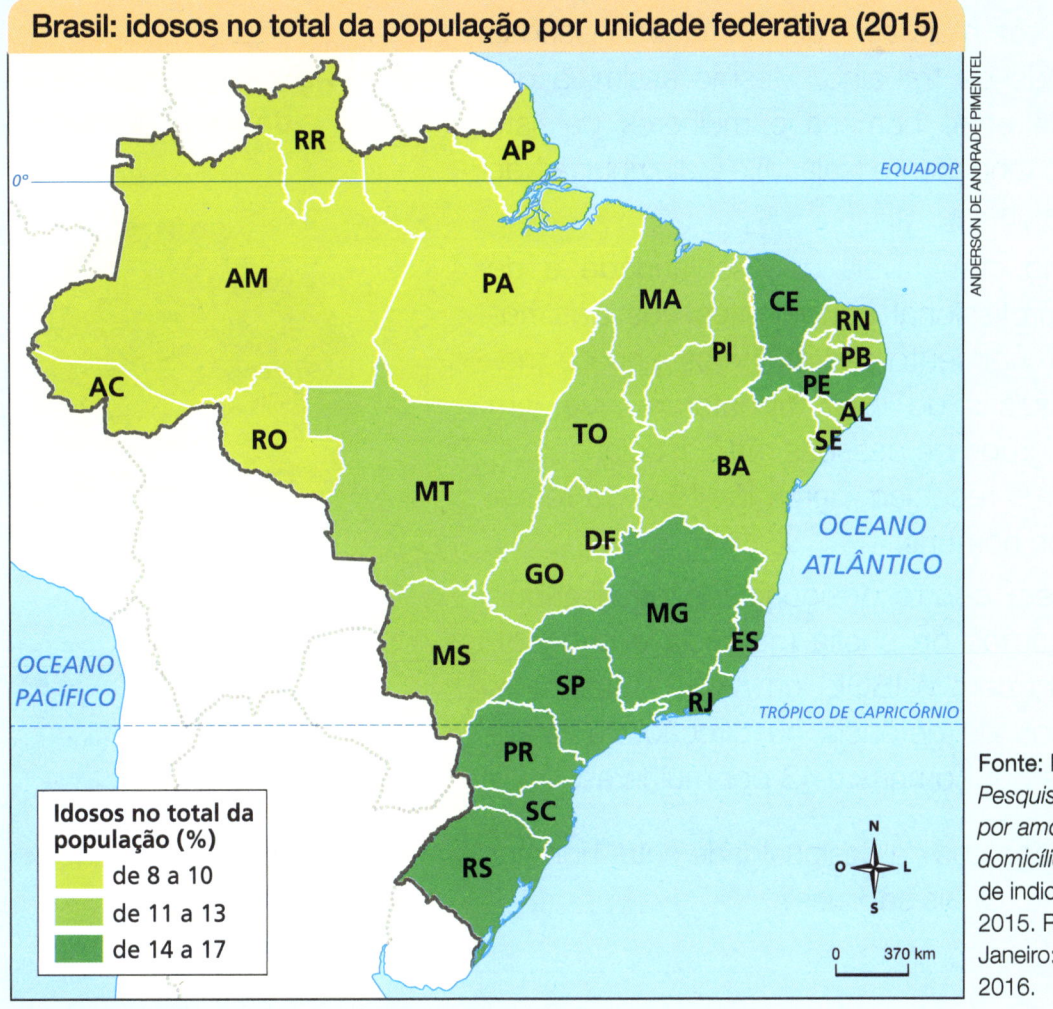

Brasil: idosos no total da população por unidade federativa (2015)

Idosos no total da população (%)
- de 8 a 10
- de 11 a 13
- de 14 a 17

Fonte: IBGE. *Pesquisa nacional por amostra de domicílios*: síntese de indicadores 2015. Rio de Janeiro: IBGE, 2016.

a) De acordo com o mapa, quais unidades federativas têm os menores percentuais de idosos na população? E quais unidades têm os maiores percentuais?

_____

_____

_____

b) Qual é a faixa percentual de idosos na unidade federativa onde você vive?

_____

c) Estimativas calculadas pela Organização das Nações Unidas (ONU) indicam que, no Brasil, a população de idosos em 2039 será de aproximadamente 24%. Em sua opinião, quais medidas devem ser tomadas pelo governo brasileiro para garantir boa qualidade de vida para essa população?

4 Leia o texto, observe o gráfico e responda às questões.

A mulher no mercado de trabalho

Cada vez mais as mulheres estão inseridas no mercado de trabalho. Mesmo assim, a desigualdade entre homens e mulheres persiste quanto ao rendimento (salário) e à distribuição de cargos de chefia.

Mesmo com níveis de escolaridade e de preparo profissional equivalentes aos dos homens, o rendimento das mulheres ainda é menor. Pesquisas do IBGE apontaram que, em 2015, no grupo de pessoas mais escolarizadas, as mulheres recebiam cerca de 69% do rendimento dos homens.

Também ocorre desigualdade na distribuição de cargos de chefia (gerência e direção). De acordo com o IBGE, em 2015, para cada 100 cargos de gerência ou direção, 57 eram ocupados por homens e 43 por mulheres.

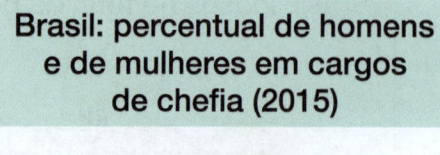

Brasil: percentual de homens e de mulheres em cargos de chefia (2015)

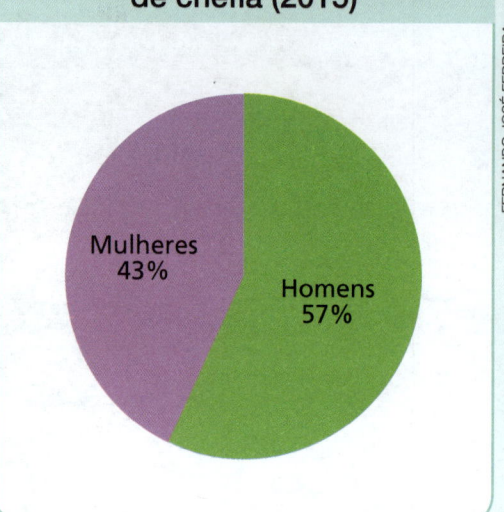

Mulheres 43%
Homens 57%

Fonte: IBGE. *Síntese de indicadores sociais*: uma análise das condições de vida da população brasileira 2015. Rio de Janeiro: IBGE, 2015.

a) Dois aspectos da desigualdade entre homens e mulheres foram destacados no texto. Quais são eles?

_____
_____
_____
_____

b) Em sua opinião, por que essas desigualdades ainda existem entre homens e mulheres? O que pode ser feito para eliminar essas desigualdades?

_____
_____
_____
_____

5 Observe o mapa.

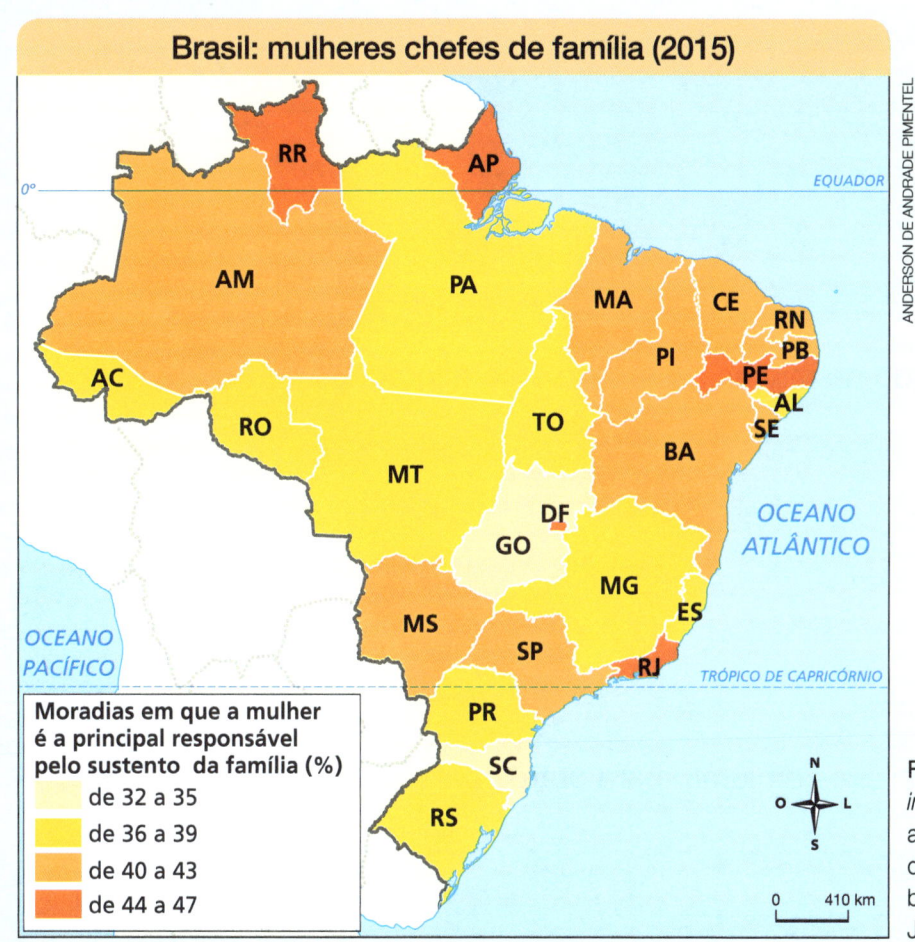

Brasil: mulheres chefes de família (2015)

Moradias em que a mulher é a principal responsável pelo sustento da família (%)
- de 32 a 35
- de 36 a 39
- de 40 a 43
- de 44 a 47

Fonte: IBGE. *Síntese de indicadores sociais*: uma análise das condições de vida da população brasileira 2015. Rio de Janeiro: IBGE, 2015.

a) O que o mapa mostra?

_____

_____

_____

b) Quais são as unidades federativas que apresentam os menores percentuais de moradias em que a mulher é a principal responsável pelo sustento da família? E quais são as unidades federativas onde os percentuais são os maiores?

_____

_____

c) Qual é esse percentual na unidade federativa onde você vive?

_____

d) Em sua moradia, quem é o principal responsável pelo sustento da família?

_____

6 Cite um dentre os diversos motivos que levam as pessoas a migrar.

_____
_____
_____
_____
_____

7 Explique o significado de migração externa e de migração interna.

_____
_____
_____
_____
_____

8 Por que muitos brasileiros emigram para outros países?

_____
_____
_____

9 Muitos brasileiros vivem de forma ilegal em outros países. O que significa viver de forma ilegal em um país? Converse com um colega sobre o assunto. Depois, registre a conclusão da dupla.

_____
_____
_____
_____
_____
_____
_____
_____

10 Leia o texto.

Como será viver em outro país? Com certeza será preciso se adaptar aos costumes locais, ou seja, aprender a língua, conhecer os hábitos, as leis, a cultura do lugar.

Estados Unidos, Paraguai e Japão têm muitos imigrantes brasileiros. Que tal fazer uma pesquisa para conhecer um pouco desses países? Então, boa viagem!

a) Pesquise em livros, revistas, jornais e atlas geográfico as seguintes informações sobre os Estados Unidos, o Paraguai e o Japão: capital do país, língua oficial, moeda, bandeira, costumes. Você também pode pesquisar outras informações sobre esses países.

b) Organize as informações pesquisadas em um quadro como o modelo abaixo. Cole ou desenhe a bandeira de cada país.

País	Capital	Língua oficial	Moeda	Costumes
M	O	D	E	L	O

11 Em sua pesquisa você encontrou informações interessantes sobre algum desses países? Anote o que descobriu.

_____
_____
_____
_____
_____
_____

12 Agora, leia este outro texto e observe a tabela.

A tabela ao lado mostra o percentual da população natural de cada região brasileira, isto é, o percentual de pessoas que nasceram na mesma região onde moram.

Ela também mostra o percentual de população não natural da região, isto é, o percentual de pessoas que não nasceram na região onde moram.

Percentual da população natural e da população não natural por região brasileira (2015)

Região	População natural (%)	População não natural (%)
Norte	85	15
Nordeste	97	3
Centro-Oeste	71	29
Sudeste	86	12
Sul	94	6

Fonte: IBGE. *Pesquisa nacional por amostra de domicílios*: síntese de indicadores 2015. Rio de Janeiro: IBGE, 2016.

a) O que é população natural de uma região? E população não natural?

_____
_____
_____

b) Em que região do Brasil você nasceu? Qual é o percentual de população não natural dessa região? O que isso quer dizer?

_____
_____
_____
_____

c) Em qual região brasileira você mora? Você faz parte da população natural dessa região? Explique.

_____
_____
_____

d) Em qual município brasileiro você nasceu? Você faz parte da população natural desse município? Explique.

_____
_____
_____
_____

13 O mapa a seguir mostra o percentual da população de cada unidade federativa que vive em moradias situadas em áreas inadequadas à habitação.

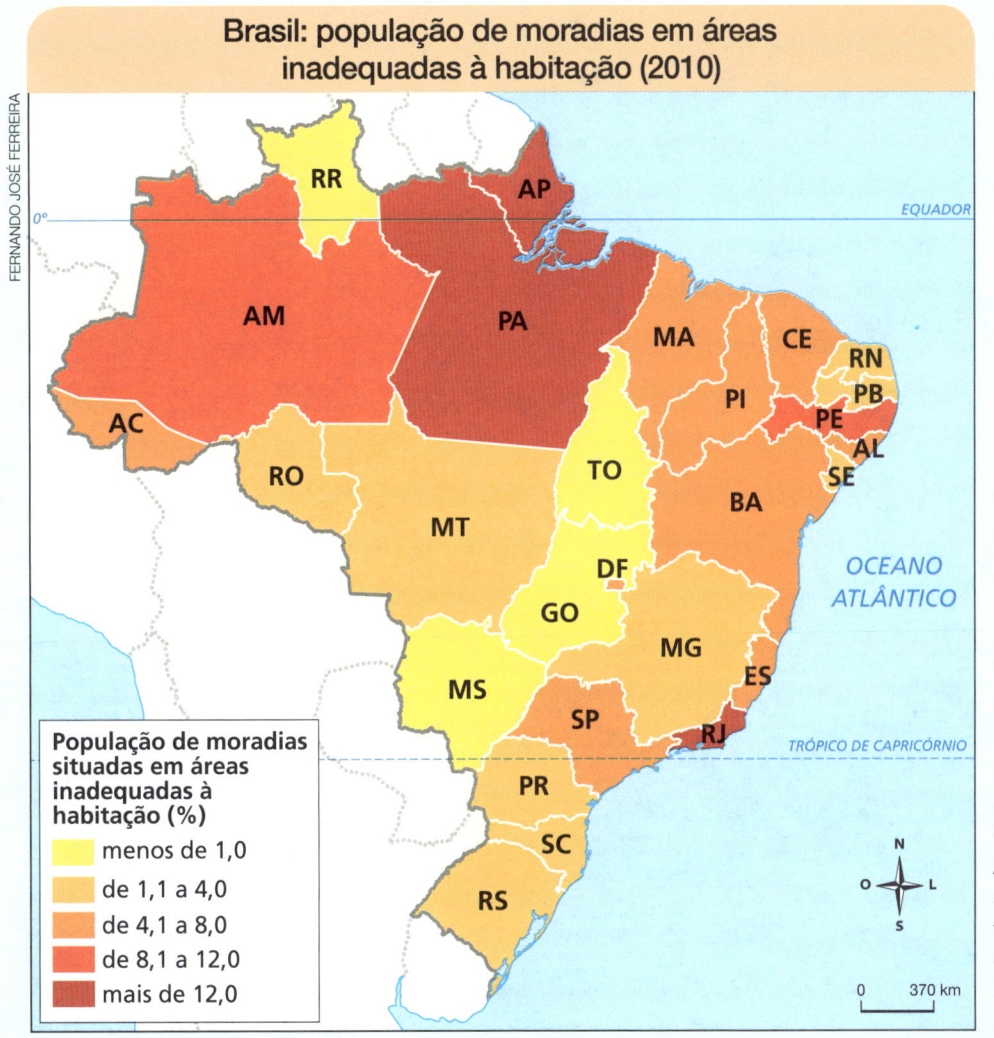

Brasil: população de moradias em áreas inadequadas à habitação (2010)

População de moradias situadas em áreas inadequadas à habitação (%)
- menos de 1,0
- de 1,1 a 4,0
- de 4,1 a 8,0
- de 8,1 a 12,0
- mais de 12,0

Fonte: IBGE. *Censo demográfico 2010*: aglomerados subnormais: informações territoriais. Disponível em: <http://mod.lk/ibgecens>. Acesso em: 24 abr. 2015.

a) Quais unidades federativas têm os menores percentuais da população vivendo em áreas inadequadas à habitação?

b) Quais unidades federativas têm os maiores percentuais da população vivendo nessas áreas?

c) A faixa percentual da população que vive em áreas inadequadas no Distrito Federal é de 4,1 a 8,0%. Qual é a faixa percentual dessa população na unidade federativa onde você vive?

d) Por que uma parte da população mora em áreas inadequadas à habitação?

UNIDADE 2

A urbanização brasileira

Vista da cidade de São Paulo, estado de São Paulo, em 2015.

Vista da cidade de Juazeiro do Norte, estado do Ceará, em 2017.

Vamos conversar

1. Quais diferenças há entre as paisagens dessas cidades?
2. E quais semelhanças existem?
3. Algum desses lugares parece com o lugar onde você vive?

Vista da cidade de São Roque de Minas, estado de Minas Gerais, em 2017.

CAPÍTULO 1 — As cidades brasileiras

Animação
Áreas urbanas

O que é a cidade?

A cidade é uma construção humana. Ela é caracterizada pela aglomeração de construções, de pessoas e de atividades econômicas.

De acordo com seu desenvolvimento econômico, histórico e social, as cidades se configuram de diferentes formas. É por isso que as paisagens urbanas podem ser muito diferentes umas das outras.

Atualmente, as cidades concentram a maior parte da população, reúnem variadas atividades econômicas e também influenciam o modo de vida e as atividades econômicas rurais.

Avenida na cidade de São Paulo, estado de São Paulo, em 2017.

1. Descreva a paisagem representada na foto acima.

2. Em sua opinião, essa é uma paisagem tipicamente urbana? Por quê?

Cidades de origem espontânea

Muitas cidades brasileiras se originaram do crescimento de antigos povoados. Essas cidades surgiram e cresceram de maneira desordenada, ou seja, as pessoas foram se instalando, construindo casas, lojas, ruas, parques, fábricas etc. A origem dessas cidades é considerada **espontânea**.

As primeiras vilas e cidades fundadas no Brasil se localizavam ao longo da faixa litorânea e se distribuíam de maneira dispersa e isolada.

São Vicente, no atual estado de São Paulo, foi fundada em 1532 por Martim Afonso de Sousa e é considerada a primeira vila do Brasil.

Fundação de São Vicente, de Benedito Calixto de Jesus, óleo sobre tela, 1900.

À medida que as vilas cresciam e se tornavam mais importantes, elas eram reconhecidas como cidades.

Algumas cidades brasileiras surgiram da necessidade de proteger o território de invasões de estrangeiros.

A cidade de Belém, no atual estado do Pará, foi fundada com esse objetivo, em 1616. Os colonizadores portugueses construíram o Forte do Presépio, que hoje é chamado de Forte do Castelo, e o núcleo urbano foi se desenvolvendo no entorno do forte.

Parte da cidade de Belém, estado do Pará, em 2017. No primeiro plano, é possível ver o Forte do Castelo.

Há, também, cidades que se originaram da exploração de pedras e metais preciosos.

Durante o século XVIII, a mineração no interior do país impulsionou a criação de núcleos de ocupação em regiões dos atuais estados de Minas Gerais, Goiás e Mato Grosso.

Em Minas Gerais, as cidades de Ouro Preto, Mariana, Congonhas e Sabará surgiram com a exploração de ouro.

No Mato Grosso, a cidade de Cuiabá surgiu da exploração de pedras e metais preciosos.

Essas cidades surgiram de pequenos povoados formados por pessoas que procuravam diamantes e ouro. A notícia da descoberta de pedras e metais preciosos nessas regiões se espalhou e atraiu muitas pessoas de diferentes lugares do Brasil.

Com a chegada de novos moradores, aumentaram as construções e o comércio. Os povoados cresceram e se transformaram em cidades.

Vista da cidade de Cuiabá, estado de Mato Grosso, 2014.

Cidade de Ouro Preto, estado de Minas Gerais, 2016.

Algumas cidades se originaram do crescimento de povoados fundados ao longo do caminho dos tropeiros.

Os tropeiros eram mercadores que transportavam animais e produtos para serem vendidos nas áreas de extração de ouro e também no interior do Brasil. Eles foram chamados de tropeiros por conduzir as tropas de mulas.

Nos locais onde os tropeiros paravam para descansar formavam-se ranchos ou fazendas que deram origem a muitos povoados.

O artista Jean-Baptiste Debret retratou os tropeiros em uma pintura de 1827. Aquarela sobre papel.

O crescimento desses povoados resultou na formação de diversas cidades. São os casos, por exemplo, das cidades de Ponta Grossa, no estado do Paraná, e de Sorocaba, no estado de São Paulo.

A cidade de Ponta Grossa, no estado do Paraná, tem origem nas fazendas de pouso de tropeiros. Foto de 2017.

Sorocaba, no estado de São Paulo, também se originou no caminho dos tropeiros. Hoje, a cidade cresceu e é uma das mais importantes do estado de São Paulo. Foto de 2017.

3 O que as cidades de Ponta Grossa, no Paraná, e Sorocaba, em São Paulo, têm em comum?

_____

_____

Cidades de origem planejada

Você viu que a maioria das cidades brasileiras se originou de maneira espontânea.

No entanto, outras cidades surgiram de forma diferente: elas foram **planejadas**. Isso quer dizer que, antes de serem construídas, elas foram projetadas por arquitetos e engenheiros.

As cidades de Goiânia, no estado de Goiás, de Belo Horizonte, no estado de Minas Gerais, de Palmas, no estado do Tocantins, e de Maringá, no estado do Paraná, são exemplos de cidades brasileiras planejadas.

Belo Horizonte foi fundada em 12 de dezembro de 1897. Na foto, vista de parte da cidade de Belo Horizonte, estado de Minas Gerais, em 2015.

Palmas foi fundada em 20 de maio de 1989. Na foto, vista de parte da cidade de Palmas, estado do Tocantins, em 2017.

Maringá foi fundada em 10 de maio de 1947. Na foto, vista de parte da cidade de Maringá, estado do Paraná, em 2014.

4 Observe a imagem da cidade de Goiânia e leia a legenda.

Goiânia foi fundada em 24 de outubro de 1933. Na foto, vista da cidade de Goiânia, estado de Goiás, em 2017.

a) Qual é a data de fundação da cidade de Goiânia?

_____

b) Que elementos da paisagem é possível identificar na imagem?

_____
_____
_____

c) Com base na imagem, como você acha que a construção da cidade de Goiânia foi planejada? Converse sobre isso com seus colegas e seu professor.

Brasília: uma capital planejada

A cidade de Brasília está localizada no Distrito Federal, onde fica a sede do governo brasileiro. Brasília é outro exemplo de cidade planejada e foi construída para ser a capital do país.

O projeto da cidade de Brasília foi elaborado pelos arquitetos Lúcio Costa e Oscar Niemeyer. Eles planejaram os locais onde seriam as moradias, o comércio, os serviços e os edifícios dos órgãos do governo.

As obras começaram em 1957 e, em 21 de abril de 1960, a cidade foi inaugurada como a nova capital do Brasil.

Brasília é uma cidade administrativa onde se localizam os órgãos públicos do governo federal, como o Congresso Nacional e os ministérios. É em Brasília que o presidente da República e seus auxiliares administram o país.

Vista da cidade de Brasília, no Distrito Federal, em 2015.

5. Qual é a diferença entre a origem de Brasília e a de outras cidades brasileiras como Sorocaba e Cuiabá?

_____
_____
_____
_____

Construção do Palácio do Congresso Nacional, Brasília. Foto de 1959.

Vista do Congresso Nacional e entorno, em 2016. O Congresso Nacional é constituído pela Câmara dos Deputados e pelo Senado Federal.

6 A cidade de Brasília foi construída com que objetivo?

_____

_____

7 Antes de Brasília, duas outras cidades sediaram a capital do Brasil. Pesquise quais foram essas cidades e anote o que você descobriu.

_____

As cidades e suas funções

As cidades têm uma função, isto é, uma atividade econômica que se destaca em relação a outras. Muitas vezes, é essa atividade que traz desenvolvimento à cidade.

É o caso, por exemplo, de Paraty, no estado do Rio de Janeiro, onde a atividade turística se destaca e favorece o desenvolvimento da cidade. Por isso, dizemos que a função da cidade de Paraty é turística.

Vista da cidade de Paraty, estado do Rio de Janeiro, em 2017.

A mistura das culturas alemã e italiana, percebida na arquitetura das construções e na culinária, tornou a cidade de Gramado um dos destinos turísticos mais procurados no estado do Rio Grande do Sul. A principal função da cidade de Gramado é turística.

Avenida na cidade de Gramado, estado do Rio Grande do Sul, em 2017.

Existem cidades que têm várias funções, em que diferentes atividades se destacam: comercial, industrial, turística, religiosa, prestação de serviços, entre outras. Fortaleza, no estado do Ceará, é um exemplo de cidade que tem várias funções.

A atividade turística é importante na cidade de Fortaleza. O turismo contribui para o desenvolvimento da cidade, atraindo visitantes que chegam em busca de lazer e descanso. Mas as atividades comerciais e de prestação de serviços também se destacam na cidade de Fortaleza.

Praia do Mucuripe, na cidade de Fortaleza, estado do Ceará, em 2015.

Vista do centro de Fortaleza, no estado do Ceará, em 2015.

8. Se você vive em uma cidade, qual é a principal função dela?
- Se você não vive em uma cidade, qual é a principal função de uma cidade próxima ao lugar onde você vive?

Mudanças na cidade

As cidades não foram sempre como as conhecemos hoje.

As transformações produzidas pela sociedade, ao longo do tempo, podem ser facilmente percebidas na paisagem urbana.

Por meio de fotos da mesma cidade em diferentes momentos, podemos identificar essas marcas e perceber o que mudou e o que permaneceu na paisagem dessa cidade.

Observe as imagens abaixo. Elas mostram a cidade de Santos, no estado de São Paulo, em dois momentos diferentes.

Foto da cidade de Santos na década de 1940.

Foto da cidade de Santos em 2012.

9 Observe novamente as fotos da página anterior e responda.

a) De quando é a foto 1? E a foto 2? Quantas décadas se passaram entre uma foto e outra?

_____
_____
_____

b) Quais elementos podem ser identificados na paisagem mostrada na foto 1?

_____
_____

c) Quais transformações ocorreram nessa paisagem?

_____
_____
_____
_____

10 Quais mudanças ocorreram nos últimos anos no lugar onde você vive?

- Faça um desenho mostrando essas mudanças.

Retratos de cidades

Muitos artistas de diferentes épocas retrataram, em suas obras, o espaço urbano. As imagens a seguir mostram algumas paisagens urbanas retratadas por pintores.

Rue Droite, gravura de Johann Moritz Rugendas mostrando a Rua Direita (atual Rua Primeiro de Março) em 1835, na cidade do Rio de Janeiro. Litografia.

A gare, pintura de Tarsila do Amaral, 1925. Nessa obra, a artista representou o espaço urbano usando formas geométricas. Óleo sobre tela.

Rio Pinheiros, pintura de Cristiano Sidoti, 2010. O artista representou parte do espaço urbano da cidade de São Paulo. Óleo sobre tela.

Que tal retratar a cidade?

11. Em grupo, elaborem painéis ilustrativos para representar uma cidade. Se vocês moram na área urbana, representem a cidade onde vivem. Se moram na área rural, representem uma cidade que conheçam ou de que gostem.

Etapas

1. Em folhas de papel ou cartolina, façam desenhos que mostrem os mais variados aspectos da cidade: culturais, ambientais, econômicos, sociais.

2. Representem elementos ou locais marcantes da cidade, como rios, áreas verdes, avenidas, museus e outras construções.

3. Elaborem legendas para os desenhos, identificando os aspectos e os elementos representados. Se possível, informem, também, a localização desses elementos na cidade.

4. Exponham os trabalhos para toda a classe. Cada grupo vai escolher e analisar o trabalho feito por outro grupo. Conversem com todos os colegas e com o professor sobre as impressões que os desenhos causaram, quais elementos da cidade foram representados e quais aspectos mais chamaram a atenção de vocês.

5. Por fim, discutam com os colegas e com o professor as impressões gerais que os diversos desenhos causaram em vocês e o que a cidade representa para cada um. Conversem, também, sobre os aspectos positivos da realização desse trabalho.

CAPÍTULO 2 — O processo de urbanização no Brasil

A população urbana no Brasil

A população que vive nas cidades é chamada de **população urbana**. Você estudou que, atualmente, a maior parte da população brasileira vive em cidades. Mas nem sempre foi assim.

Em 1940, de cada 100 brasileiros, 69 viviam no campo. Isso significa que a maior parte da população brasileira era rural.

A população urbana ultrapassou a população rural no período de 1960 a 1970. Desde então, a urbanização brasileira cresceu rapidamente. Observe o gráfico a seguir.

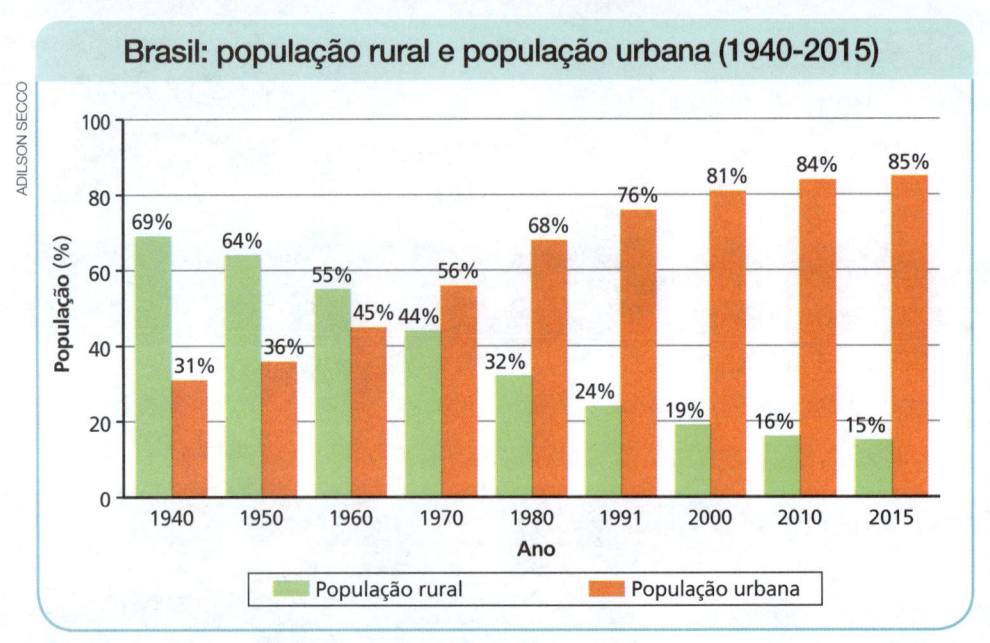

Brasil: população rural e população urbana (1940-2015)

Ano	População rural	População urbana
1940	69%	31%
1950	64%	36%
1960	55%	45%
1970	44%	56%
1980	32%	68%
1991	24%	76%
2000	19%	81%
2010	16%	84%
2015	15%	85%

Fontes: IBGE. *Anuário estatístico do Brasil 2015*. Rio de Janeiro: IBGE, 2016; IBGE. *Síntese de indicadores sociais*: uma análise das condições de vida da população brasileira 2016. Rio de Janeiro: IBGE, 2016.

1 O que o gráfico mostra?

2 A população rural aumentou ou diminuiu de 1940 a 2015? E a população urbana?

3 Em que período a população urbana se tornou maior que a população rural?

Taxa de urbanização brasileira

A **taxa de urbanização** corresponde à proporção de pessoas que vivem em áreas urbanas de determinado lugar em relação à população total desse lugar. Essa taxa mostra o grau de concentração da população nas cidades.

No Brasil, a taxa de urbanização era de quase 85% em 2015, segundo o IBGE. Isso quer dizer que, de cada 100 habitantes, 85 viviam em áreas urbanas.

4 A taxa de urbanização brasileira está representada no gráfico abaixo.

- Complete a legenda identificando a parcela do gráfico correspondente à população urbana e à população rural.

Brasil: população rural e população urbana (2015)

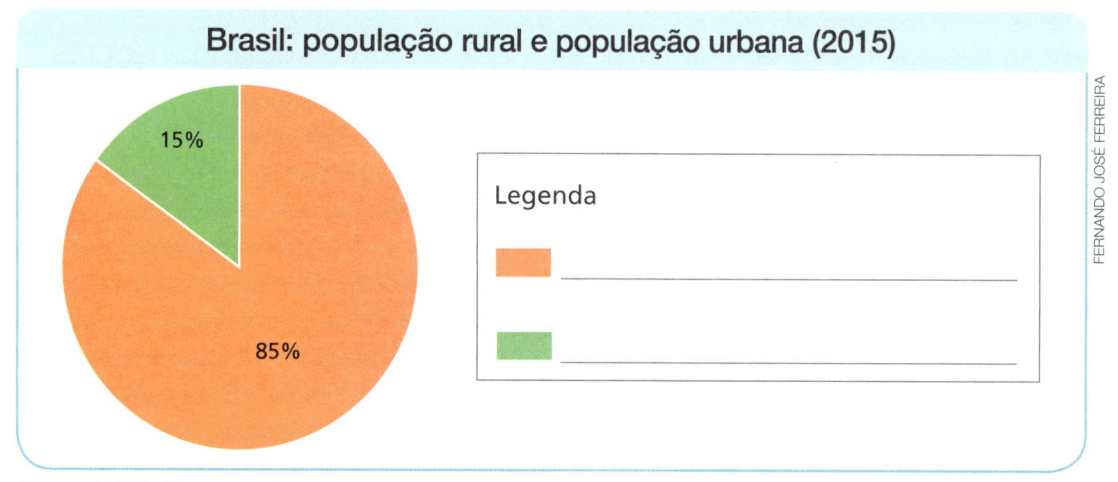

- 15%
- 85%

Legenda
- _____
- _____

Fonte: IBGE. *Síntese de indicadores sociais*: uma análise das condições de vida da população brasileira 2016. Rio de Janeiro: IBGE, 2016.

Nem todo o território brasileiro é urbanizado da mesma maneira. Algumas regiões são mais urbanizadas e outras menos. Observe o gráfico a seguir.

Brasil: taxa de urbanização por região (2015)

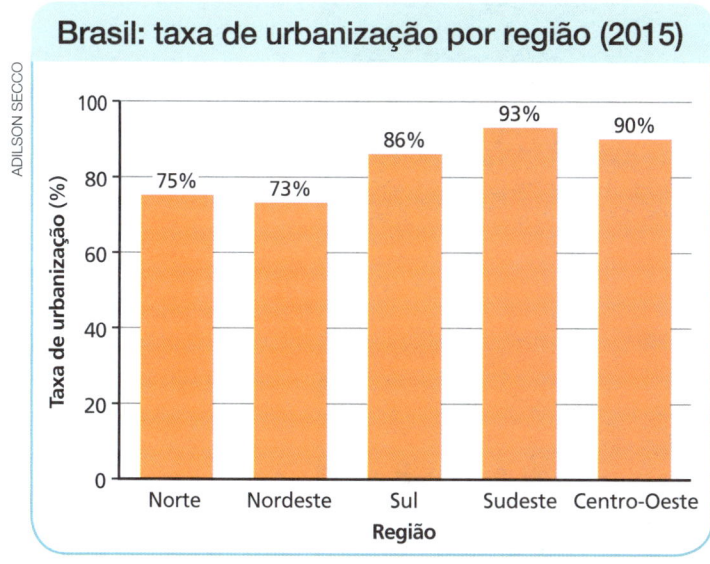

Região	Taxa de urbanização (%)
Norte	75%
Nordeste	73%
Sul	86%
Sudeste	93%
Centro-Oeste	90%

Fonte: IBGE. *Síntese de indicadores sociais*: uma análise das condições de vida da população brasileira 2016. Rio de Janeiro: IBGE, 2016.

5 Que região tem a menor taxa de urbanização? E a maior?

- Em sua opinião, por que as taxas de urbanização são diferentes entre as regiões brasileiras?

6 Qual é a taxa de urbanização da região onde você vive? Ela é maior ou menor do que a taxa de urbanização do Brasil?

A industrialização contribuiu para a urbanização brasileira

O crescimento dos espaços urbanos e da população urbana se intensificou com a industrialização do Brasil.

Geralmente, as indústrias se localizam onde há disponibilidade de energia, boa rede de transportes e de comunicações e trabalhadores especializados. Esses elementos são muito importantes para o bom funcionamento das indústrias.

Além desses elementos, as indústrias precisam de consumidores para os produtos que fabricam.

Boas vias de circulação permitem levar as matérias-primas para as indústrias e também os produtos fabricados até os pontos de venda. Do mesmo modo, um local bem servido de rede de transportes facilita o deslocamento dos trabalhadores.

Por essas razões, as indústrias se concentram principalmente nas áreas urbanas, pois é nessas áreas que elas encontram a maioria dos elementos que atendem às suas necessidades.

Por sua vez, a concentração das indústrias nas cidades atrai muitos trabalhadores rurais que buscam melhores empregos e salários, contribuindo para o aumento da população urbana.

Para atrair mais indústrias, alguns municípios criam distritos industriais. Os distritos industriais são áreas geralmente mais afastadas do centro da cidade. Nessas áreas, encontram-se os serviços necessários ao funcionamento das indústrias. Na foto, distrito industrial no município de Contagem, estado de Minas Gerais, em 2015.

7 Qual é a relação entre a industrialização e a urbanização? Explique.

A industrialização brasileira teve início no Sudeste

Atividade interativa
A urbanização da Região Sudeste

Até o fim do século XIX, os produtos industrializados consumidos no Brasil eram importados de outros países.

Foi somente no início do século XX que a industrialização brasileira se desenvolveu. A maior parte das indústrias se concentrou na Região Sudeste, onde era praticada a cafeicultura.

A cafeicultura gerou as condições necessárias para a industrialização brasileira: acúmulo de dinheiro, formação de mercado consumidor e disponibilidade de mão de obra.

- A exportação de café permitiu a acumulação de dinheiro. Esse dinheiro seria utilizado, mais tarde, na compra de máquinas e na instalação de indústrias.
- O trabalho livre e remunerado que substituiu o trabalho escravo formou um mercado consumidor, isto é, um mercado de compradores para os produtos que seriam fabricados.
- Muitos imigrantes que trabalhavam nas lavouras de café, principalmente italianos, tinham conhecimentos sobre produção industrial, garantindo mão de obra qualificada para as indústrias.

Embarque de café no porto de Santos, estado de São Paulo, cerca de 1900.

8 Por que a cafeicultura foi importante para o crescimento das indústrias na Região Sudeste?

No estado de São Paulo, a cafeicultura se desenvolveu de forma expressiva. Por isso, o estado reuniu as melhores condições para o crescimento da industrialização.

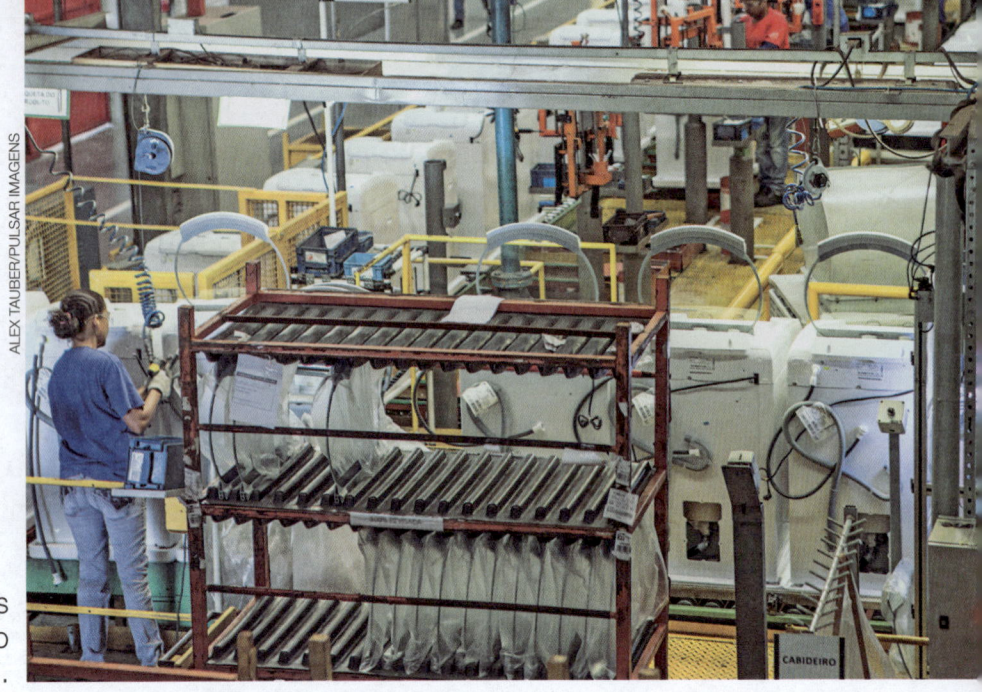

Fábrica de máquinas de lavar roupas no município de Rio Claro, estado de São Paulo, em 2017.

A intensa industrialização da Região Sudeste fez com que a população urbana superasse a população rural desde a década de 1950. Muitos trabalhadores foram atraídos pelos empregos oferecidos nas indústrias e em outros setores da economia, como a construção civil e o comércio.

Atualmente, o Sudeste é a região mais urbanizada do Brasil. De acordo com o IBGE, 93% dos habitantes dessa região viviam em cidades em 2015.

As cidades do Sudeste que mais cresceram e se urbanizaram foram São Paulo, Rio de Janeiro e Belo Horizonte.

Vista da cidade do Rio de Janeiro, estado do Rio de Janeiro, em 2017.

O êxodo rural e a urbanização brasileira

A urbanização brasileira também foi impulsionada pelo **êxodo rural**, que é a intensa migração de pessoas do campo para as cidades.

A mecanização do campo, isto é, o uso de máquinas e equipamentos na produção agropecuária, foi uma das causas do êxodo rural.

Essa mecanização possibilitou um grande aumento da produtividade, mas também foi responsável pelo desemprego de muitos trabalhadores rurais.

Observe ao lado a foto de uma máquina agrícola em operação.

Essa máquina realiza a colheita de uma grande quantidade de grãos. Em pouco tempo, ela faz o trabalho que muitos trabalhadores rurais demoravam dias para realizar. Ou seja, um trabalhador capaz de usar esse tipo de máquina substitui muitos trabalhadores que antes faziam a mesma tarefa.

Colheita mecanizada de trigo, município de Nova Fátima, estado do Paraná, em 2015.

Desempregados e sem condições de garantir o próprio sustento e o de sua família, muitos trabalhadores rurais deixaram o campo e se dirigiram às cidades.

Esses migrantes buscavam oportunidades de trabalho nas indústrias e nas atividades de comércio e de serviços, que se desenvolviam rapidamente nas cidades.

Migrantes, principalmente de áreas rurais da Região Nordeste, chegam à cidade de São Paulo em caminhão conhecido como "pau de arara", em 1960.

9 De que maneira a mecanização das atividades agrícolas contribuiu para a urbanização? Explique.

10 Você conhece alguém que migrou do campo para a cidade?

Para ler e escrever melhor

O texto a seguir trata dos lugares por onde a cafeicultura se expandiu **ao longo do tempo** no Brasil.

A expansão da cafeicultura no Brasil

O café é uma planta originária da África e foi trazido para o Brasil cerca de 250 anos atrás.

Até 1850, a produção comercial de café ocorria em partes dos estados do Rio de Janeiro e de São Paulo.

Entre 1850 e 1950, o cultivo de café se expandiu para outras partes dos estados do Rio de Janeiro e de São Paulo, além de partes do Paraná, Minas Gerais e Espírito Santo.

A partir de 1950, a cafeicultura expandiu-se para terras que hoje formam o Mato Grosso do Sul, partes de Goiás e outras partes de Minas Gerais, Espírito Santo e Paraná.

Detalhe de um cafeeiro com frutos maduros. Os grãos de café ficam dentro dos frutos.

Imigrantes trabalhando na collheita de café em São Paulo, em 1902.

1 De que trata o texto?

_____
_____
_____

72

2 Quais expressões utilizadas no texto marcam a passagem do tempo?

_____

_____

3 Complete as frases de acordo com o texto.

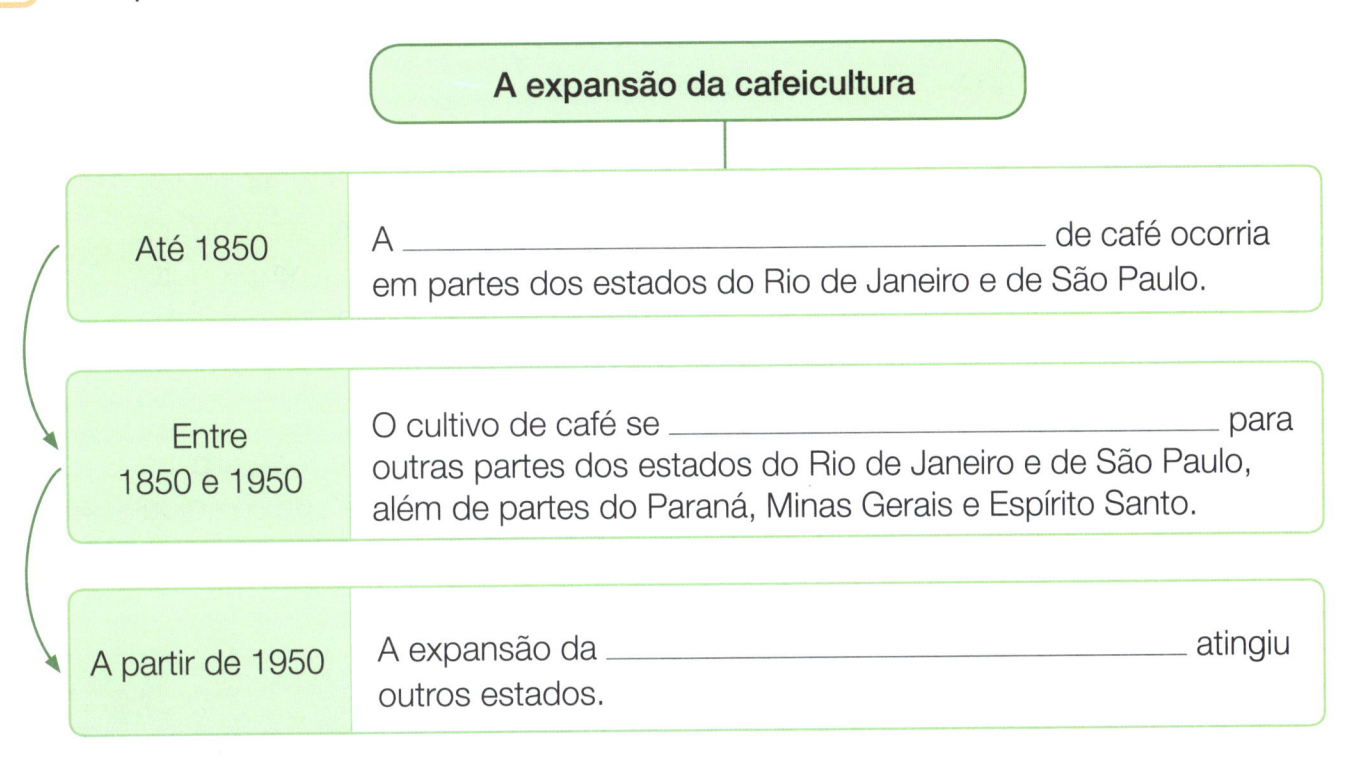

A expansão da cafeicultura

Até 1850
A _____ de café ocorria em partes dos estados do Rio de Janeiro e de São Paulo.

Entre 1850 e 1950
O cultivo de café se _____ para outras partes dos estados do Rio de Janeiro e de São Paulo, além de partes do Paraná, Minas Gerais e Espírito Santo.

A partir de 1950
A expansão da _____ atingiu outros estados.

4 Observe as imagens da cidade de São Paulo ao longo do tempo.

Antigamente	Com o decorrer do tempo	Atualmente

a) Agora, escreva um texto sobre o crescimento da cidade de São Paulo ao longo do tempo.

b) Lembre-se de dar um título para o seu texto.

CAPÍTULO 3 — As cidades e suas relações

Rede urbana

As cidades são diferentes umas das outras e cada uma tem suas próprias características. De acordo com essas características, uma cidade pode influenciar outras cidades, o campo e até outras regiões.

Com o crescimento das cidades, a influência das atividades urbanas sobre o campo aumentou. Porém, isso não fez com que o campo e as atividades econômicas típicas do espaço rural desaparecessem. Os espaços urbano e rural continuam interagindo por meio de investimentos, da troca de produtos e de serviços e pelo fluxo de pessoas. Essa interação entre as cidades e o campo, e também entre as próprias cidades, aumentou e foi transformada pelos avanços tecnológicos nos meios de comunicação e de transporte.

As cidades se relacionam umas com as outras, formando uma rede urbana. Uma **rede urbana** é composta de um conjunto de centros urbanos que se articulam entre si por meio de fluxos de pessoas, mercadorias, informações e recursos financeiros.

1 Em que aspectos uma cidade pode ser diferente de outra?

_____
_____
_____

2 De que maneira a cidade se relaciona com o campo e vice-versa?

_____
_____

3 Defina com suas palavras o que é uma rede urbana.

_____
_____
_____

4 O lugar onde você vive exerce influência sobre outro lugar?

5 O lugar onde você vive é influenciado por outro lugar?

> Se precisar, **pergunte para saber mais** sobre o assunto e chegar a uma conclusão.

A hierarquia urbana

Com base na análise do poder de atração e de influência que uma cidade exerce sobre outras cidades e espaços, o IBGE fez uma classificação das cidades brasileiras, criando uma hierarquia entre elas.

De acordo com a hierarquia feita pelo IBGE, as cidades podem ser classificadas em cinco categorias: metrópoles, capitais regionais, centros sub-regionais, centros de zona e centros locais. Vamos conhecer cada categoria.

> **Hierarquia:** ordem ou subordinação feita de acordo com níveis de importância.

- **Metrópoles**: cidades de grande porte, com muitos habitantes e uma grande área de influência. As metrópoles concentram serviços diversificados e especializados, como hospitais de alta complexidade, grandes universidades, centros culturais e sedes de empresas.

  A cidade de São Paulo é a maior metrópole do Brasil e tem importância nacional e internacional. Essa metrópole tem grande importância no comando de diferentes atividades econômicas.

Vista da cidade de São Paulo, estado de São Paulo, em 2017.

- **Capitais regionais**: cidades que exercem grande influência regional e que apresentam ampla variedade de atividades de comércio e de serviços, como algumas especialidades médicas, universidades e centros culturais.

  A cidade de Porto Velho foi classificada como uma capital regional e exerce influência principalmente no estado de Rondônia, parte do Acre e no sul do Amazonas.

Vista da cidade de Porto Velho, estado de Rondônia, 2014.

- **Centros sub-regionais**: cidades com menor número de habitantes que as capitais regionais. Os centros sub-regionais atraem pessoas geralmente do mesmo estado em busca de serviços mais especializados.

    A cidade de Lages, no estado de Santa Catarina, é considerada um centro sub-regional e exerce influência sobre um centro de zona e alguns centros locais.

Vista da cidade de Lages, estado de Santa Catarina, em 2016.

- **Centros de zona**: cidades menores que os centros sub-regionais e que oferecem atividades de comércio e de serviços básicos, como escolas, postos de saúde, mercados, lojas etc.

    A cidade de São Borja, no estado do Rio Grande do Sul, é considerada um centro de zona e exerce influência sobre alguns centros locais do seu estado.

Vista da cidade de São Borja, estado do Rio Grande do Sul, em 2017.

- **Centros locais**: cidades pequenas, com poucos habitantes, que influenciam apenas as áreas rurais do próprio município. Os moradores dos centros locais buscam médicos, farmácias e outros serviços em cidades maiores.

    A cidade de Gonçalves, no estado de Minas Gerais, é um centro local.

Vista da cidade de Gonçalves, estado de Minas Gerais, em 2017.

Observe este mapa. Ele mostra a hierarquia e a rede urbana brasileira de acordo com a classificação feita pelo IBGE.

Brasil: hierarquia e rede urbana

Regiões de influência
- Manaus
- Belém
- Fortaleza
- Recife
- Salvador
- Belo Horizonte
- Rio de Janeiro
- São Paulo
- Curitiba
- Porto Alegre
- Goiânia
- Brasília

As linhas tracejadas representam redes de múltiplas vinculações.

Hierarquia dos centros urbanos
- Metrópole
- Capital regional
- Centro sub-regional
- Centro de zona

Fonte: IBGE. *Regiões de influência das cidades*. Rio de Janeiro: IBGE, 2008.

6 Como são classificadas as cidades segundo a hierarquia urbana proposta pelo IBGE?

7 Com base no mapa acima, responda às questões.

a) A rede urbana se distribui igualmente pelo território brasileiro? Explique.

b) A capital da unidade federativa onde você vive pertence a qual categoria da hierarquia urbana?

CAPÍTULO 4

As cidades e seus problemas

Grandes cidades, pouca infraestrutura

As cidades brasileiras cresceram rapidamente, mas os investimentos públicos em infraestrutura urbana não acompanharam esse crescimento.

A infraestrutura urbana corresponde ao conjunto de obras, redes e sistemas que permitem o funcionamento da cidade: rede viária, rede de abastecimento de água tratada, gás canalizado, rede de coleta e de tratamento de esgoto, rede de energia elétrica e iluminação pública, sistema de coleta e tratamento do lixo e de serviços de limpeza pública, redes de telecomunicações, entre outros.

Diversos serviços públicos não são acessíveis a todos os habitantes da cidade. Muitas pessoas não têm acesso à moradia, ao saneamento básico, à saúde, à educação e ao transporte. Na maioria das vezes, o acesso às atividades culturais também fica restrito a quem tem maior renda.

Comunidade na cidade do Recife, estado de Pernambuco, em 2016.

Comunidade na cidade de São Paulo, estado de São Paulo, em 2015.

Moradias em áreas inadequadas

Um dos problemas mais graves nas áreas urbanas é a ocupação de áreas inadequadas à habitação.

Alugar ou comprar uma casa nos bairros mais centrais ou mesmo na periferia das grandes cidades representa um custo elevado para a população de baixa renda.

Por isso, muitas pessoas que não têm condições de arcar com esses custos acabam construindo sua moradia em terrenos mais baratos, com infraestrutura precária e distantes das áreas centrais.

Nessas áreas, as condições de serviços públicos essenciais, como abastecimento de água tratada e encanada, coleta e tratamento de esgoto, coleta de lixo, pavimentação de vias, iluminação pública, acesso aos transportes públicos, entre outros, são precárias.

Além disso, as pessoas que vivem em áreas inadequadas à habitação ficam sujeitas a problemas como deslizamentos de terra e inundações.

Moradias construídas ao lado de córrego poluído na cidade de São Paulo, no estado de São Paulo. Foto de 2016.

Deslizamento de terra na cidade de São Paulo, estado de São Paulo, em 2017.

Problemas no transporte público

A maior parte da população das cidades depende do transporte público para ir ao trabalho, à escola ou às compras, mas esse deslocamento nem sempre é fácil.

Vamos conhecer alguns dos problemas que a população enfrenta ao utilizar o transporte público, principalmente nas grandes cidades.

- Número reduzido de ônibus e de trens em circulação para atender ao grande número de passageiros. Nos **horários de pico**, ônibus, trens e metrôs circulam lotados.

Embarque de passageiros em ônibus na cidade de Juazeiro, estado da Bahia, 2016.

- Falta de linhas de ônibus, de trens e de metrôs que interliguem os mais diversos locais da cidade.
- Preço elevado das passagens de transporte público na maior parte das cidades.
- Congestionamentos nas principais ruas e avenidas das cidades devido ao excesso de veículos, que contribuem para a demora na circulação de ônibus e aumentam o tempo das viagens.

Congestionamento na cidade do Rio de Janeiro, estado do Rio de Janeiro, em 2015.

Horários de pico: períodos do dia em que há mais pessoas e veículos circulando pelas ruas.

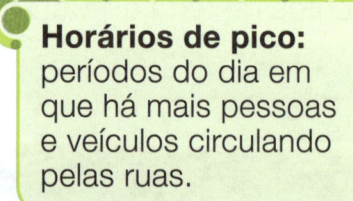

Antes de expressar sua opinião, **organize seus pensamentos** e **fale com clareza**. Assim, todos entenderão suas ideias. Seus colegas também vão expressar a opinião deles: **ouça-os com respeito e atenção!**

1. Em sua opinião, o que deve ser feito para melhorar as condições do transporte público? Converse sobre isso com o professor e os colegas.

Os quadros abaixo mostram a quantidade de passageiros que um ônibus básico e um carro comum transportam.

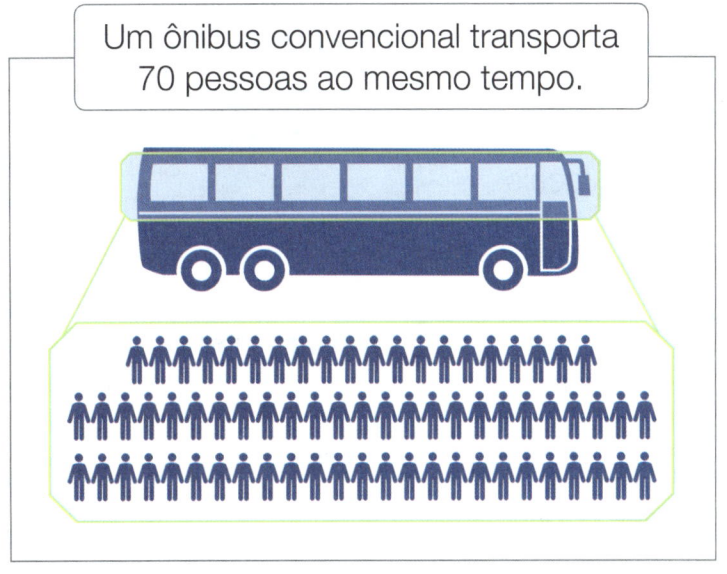

> Um ônibus convencional transporta 70 pessoas ao mesmo tempo.

> Um carro convencional transporta 5 pessoas ao mesmo tempo.

Fonte: Associação Brasileira de Normas Técnicas (ABNT). Norma 15570, 2009. Disponível em: <http://mod.lk/abntaces>. Acesso em: 13 dez. 2017.

2 Com base nos quadros, responda às questões.

a) Quantos carros são necessários para transportar 70 pessoas ao mesmo tempo?

b) Qual desses meios de transporte ocupa mais espaço nas ruas para transportar 70 pessoas ao mesmo tempo? Explique.

c) Qual desses dois meios de transporte mais contribui para congestionar o trânsito das cidades? Explique.

3 Observe a foto de uma manifestação e responda às questões.

Manifestantes reivindicam melhorias na segurança pública, nas condições do trânsito e reinício das obras de um centro para pessoas com deficiência física no município do Rio de Janeiro, estado do Rio de Janeiro, em 2014.

a) Quais são as principais reivindicações dos manifestantes?

b) Esses problemas ocorrem no lugar onde você vive?

c) O que deveria ser feito para solucionar esses problemas? Você sabe qual é o órgão público que as pessoas devem procurar para resolver esses problemas?

d) Todas as pessoas têm direito aos serviços públicos de qualidade. Em sua opinião, qual seria a melhor forma de reivindicar esses direitos?

O mundo que queremos

Acessibilidade para ir e vir

Você sabe o que é acessibilidade?

Acessibilidade significa dar às pessoas com deficiência ou com mobilidade reduzida as condições necessárias para que elas tenham **acesso** aos mesmos locais e serviços disponíveis às demais pessoas. E isso não é favor, é lei!

Todas as pessoas têm o direito de ir e vir.

Por isso, quando o assunto é transporte público, é preciso saber que veículos, vias e sinalização devem ser adaptados a fim de permitir que pessoas com deficiência ou mobilidade reduzida se desloquem de um local a outro com segurança e autonomia.

Símbolo internacional de acesso.

Mobilidade reduzida: refere-se à pessoa que não tem deficiência, mas tem dificuldade, temporária ou definitiva, em movimentar-se.

Ônibus adaptado para o acesso de cadeirantes, cidade de São Caetano do Sul, estado de São Paulo, 2015.

No ônibus deve haver um local reservado para cadeirantes, com cinto de segurança adaptado. Na foto, cadeirante no interior de ônibus, cidade de São Paulo, estado de São Paulo, 2016.

A existência de alguns equipamentos, como elevadores e rampas nas estações de trem e metrô, nos terminais rodoviários e nos aeroportos, garante o acesso de pessoas com deficiência ou mobilidade reduzida. Nas fotos, elevador e rampa em estação de metrô na cidade de São Paulo, estado de São Paulo, 2016.

1. Escreva com suas próprias palavras o que é acessibilidade.

_____
_____
_____
_____
_____

2. Você já viu o símbolo internacional de acesso em algum local? Onde? Por que o símbolo estava nesse local?

3. Em sua opinião, as pessoas com deficiência ou mobilidade reduzida têm acesso fácil e seguro aos transportes públicos no lugar onde você vive? Converse com os colegas e o professor sobre isso.

Vamos fazer

Na página anterior, você viu exemplos de equipamentos e adaptações para o acesso de pessoas com deficiência física ou mobilidade reduzida aos meios de transporte.

A acessibilidade deve ser garantida às pessoas com qualquer tipo de deficiência, física, visual ou auditiva, e não apenas nos meios de transporte, mas também nos meios de comunicação e demais serviços, assim como em todos os locais públicos.

Que tal descobrir um pouco mais sobre acessibilidade?

Não tenham pressa! A pesquisa de imagens requer **atenção e calma**. Se acharem necessário, **tentem outros caminhos** para encontrar as imagens.

Etapas

1. Em grupo, pesquisem em livros, revistas e na internet imagens que mostrem adaptações e equipamentos necessários ao acesso de pessoas com deficiência visual e auditiva aos locais públicos e aos serviços.

2. Organizem as imagens em um cartaz e escrevam pequenos textos explicando cada imagem.

3. Exponham os cartazes, apresentando-os aos colegas e ao professor.

O que você aprendeu

1 Leia o texto e responda às questões.

A cidade de Salvador, no atual estado da Bahia, já foi fundada na condição de cidade.

Tomé de Sousa fundou a cidade de Salvador em 1549 para ser a sede do governo português no Brasil. Salvador foi a primeira capital do Brasil.

A cidade de Salvador foi construída na parte alta de um morro, onde um forte foi erguido para fazer a defesa da cidade contra inimigos estrangeiros.

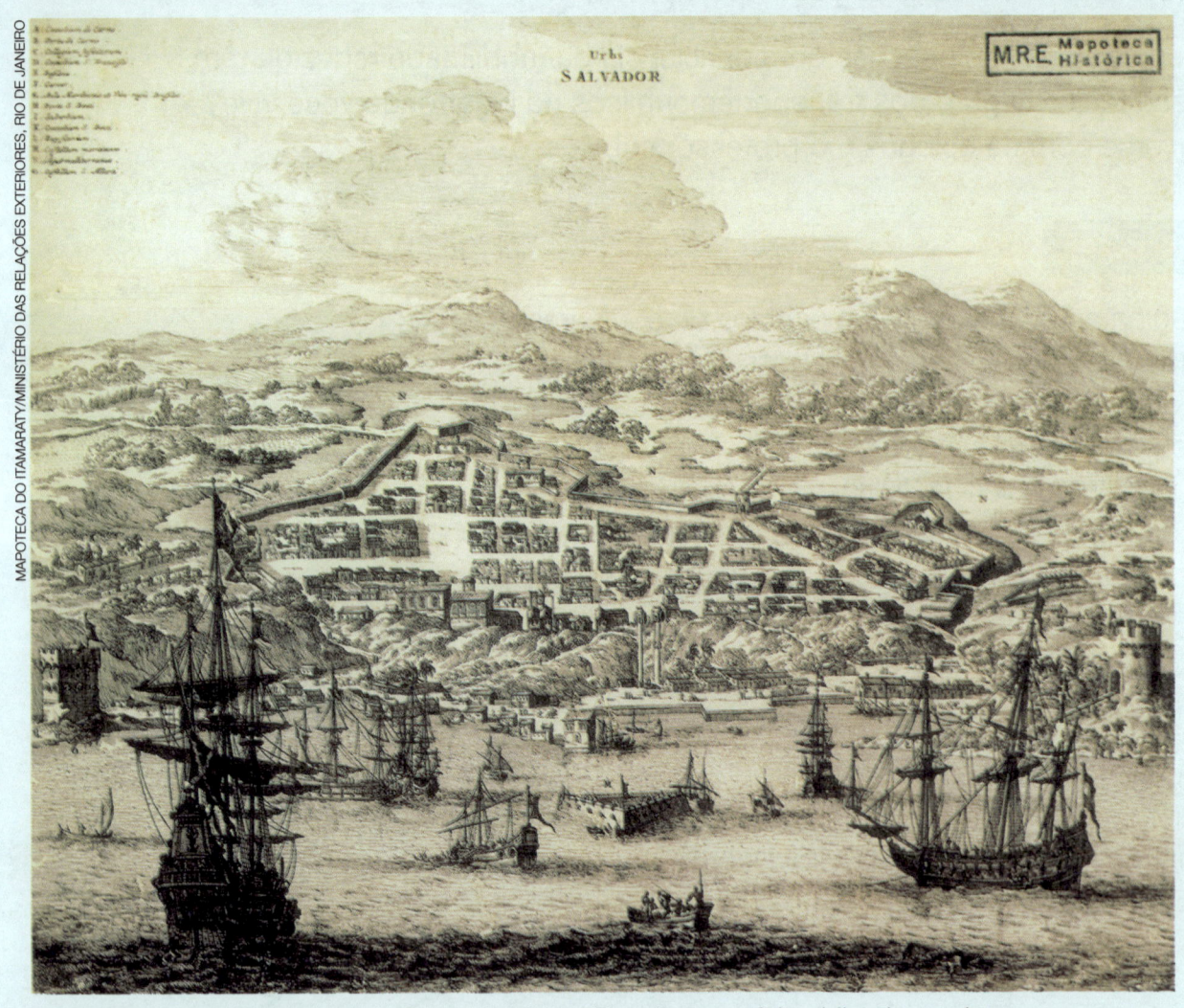

Urbs Salvador, de autor e data desconhecidos. Essa imagem foi publicada na obra de Arnoldus Montanus, em 1671.

a) Por que Salvador foi fundada?

b) Por que Salvador foi construída na parte mais alta de um morro?

c) A cidade de Salvador foi a primeira capital do Brasil. Que cidade é a atual capital do nosso país?

2 Qual é a diferença entre uma cidade que se originou de modo espontâneo e uma cidade que teve sua origem planejada?

_____
_____
_____
_____

3 A presença de alguns elementos favorece a instalação de indústrias. Quais são esses elementos?

_____
_____
_____
_____
_____

4 Por que a maior parte das indústrias se concentra nas áreas urbanas?

_____
_____
_____

5 Marque com um **X** a afirmativa incorreta.

☐ Atualmente, a maior parte dos brasileiros vive em cidades.

☐ A Região Sudeste é a menos urbanizada do Brasil.

☐ A distribuição da população no território brasileiro é desigual.

- Reescreva corretamente a alternativa que você marcou.

_____

6 Explique a relação que existe entre a cafeicultura e a industrialização brasileira.

_____
_____
_____
_____

7 O que é êxodo rural?

_____
_____
_____
_____

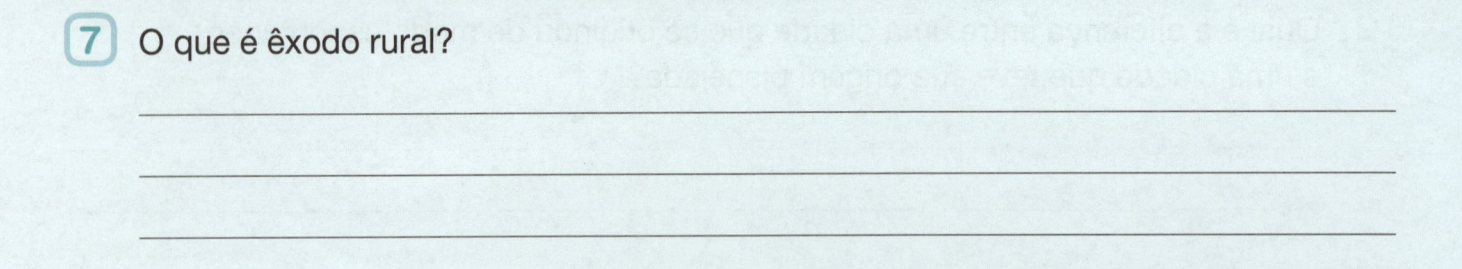

8 Observe a foto e responda.

Colheita mecanizada de arroz, no município de Santa Maria, estado do Rio Grande do Sul, em 2017.

- Que relação há entre o que a foto mostra e o êxodo rural?

_____
_____
_____
_____

9 De que maneira o êxodo rural contribuiu para a urbanização brasileira?

_____
_____
_____
_____

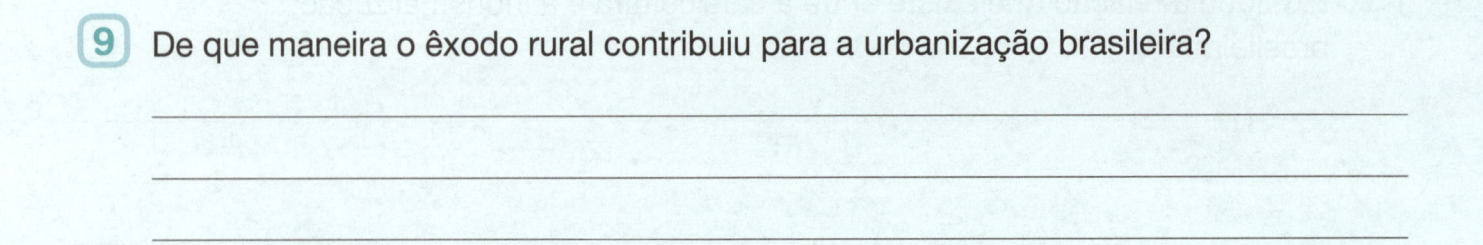

10 Observe o mapa abaixo e responda.

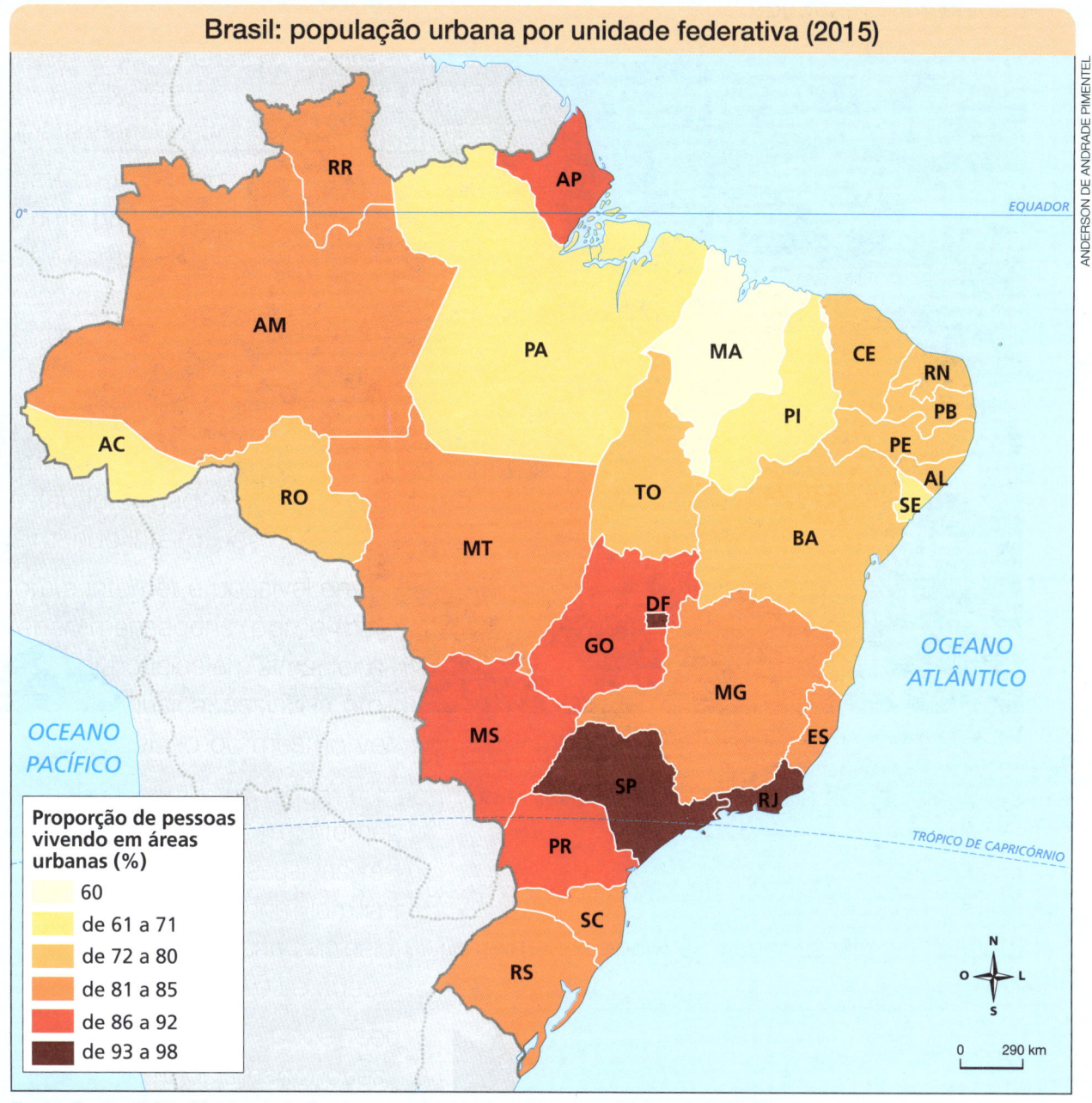

Brasil: população urbana por unidade federativa (2015)

Proporção de pessoas vivendo em áreas urbanas (%)
- 60
- de 61 a 71
- de 72 a 80
- de 81 a 85
- de 86 a 92
- de 93 a 98

Fonte: Fonte: IBGE. *Síntese de indicadores sociais*: uma análise das condições de vida da população brasileira 2016. Rio de Janeiro: IBGE, 2016.

a) O que o mapa mostra?

_____

_____

b) Quais são as unidades federativas com mais pessoas vivendo nas cidades?

_____

c) E qual é a unidade federativa que tem menos pessoas vivendo nas cidades?

_____

11 A foto abaixo mostra a cidade de Manaus. Observe novamente o mapa da página 77 e responda.

Vista da cidade de Manaus, estado do Amazonas, em 2017.

a) Quais são as unidades federativas que compõem a região de influência de Manaus?
_____

b) Qual é a classificação de Manaus na hierarquia urbana proposta pelo IBGE?
_____
_____

c) Cite outras três cidades que estão na mesma categoria de Manaus.
_____
_____
_____

d) Explique como são as cidades classificadas nessa categoria da hierarquia urbana.
_____
_____
_____

12 Reúna-se com um colega e conversem sobre as questões a seguir.

a) Quais são as principais qualidades do lugar onde vocês vivem?
___
___
___
___

b) Quais são os principais problemas desse lugar?
___
___
___
___

c) Façam um desenho em cada parte de uma folha avulsa: do lado esquerdo, representem as qualidades desse lugar; do lado direito, representem os problemas.

- Com a ajuda do professor, a turma vai montar um mural com todos os desenhos e debater sobre as questões levantadas.

13 Escolha um dos problemas apontados na atividade anterior e escreva um pequeno texto apresentando possíveis soluções para esse problema.
___
___
___
___
___
___

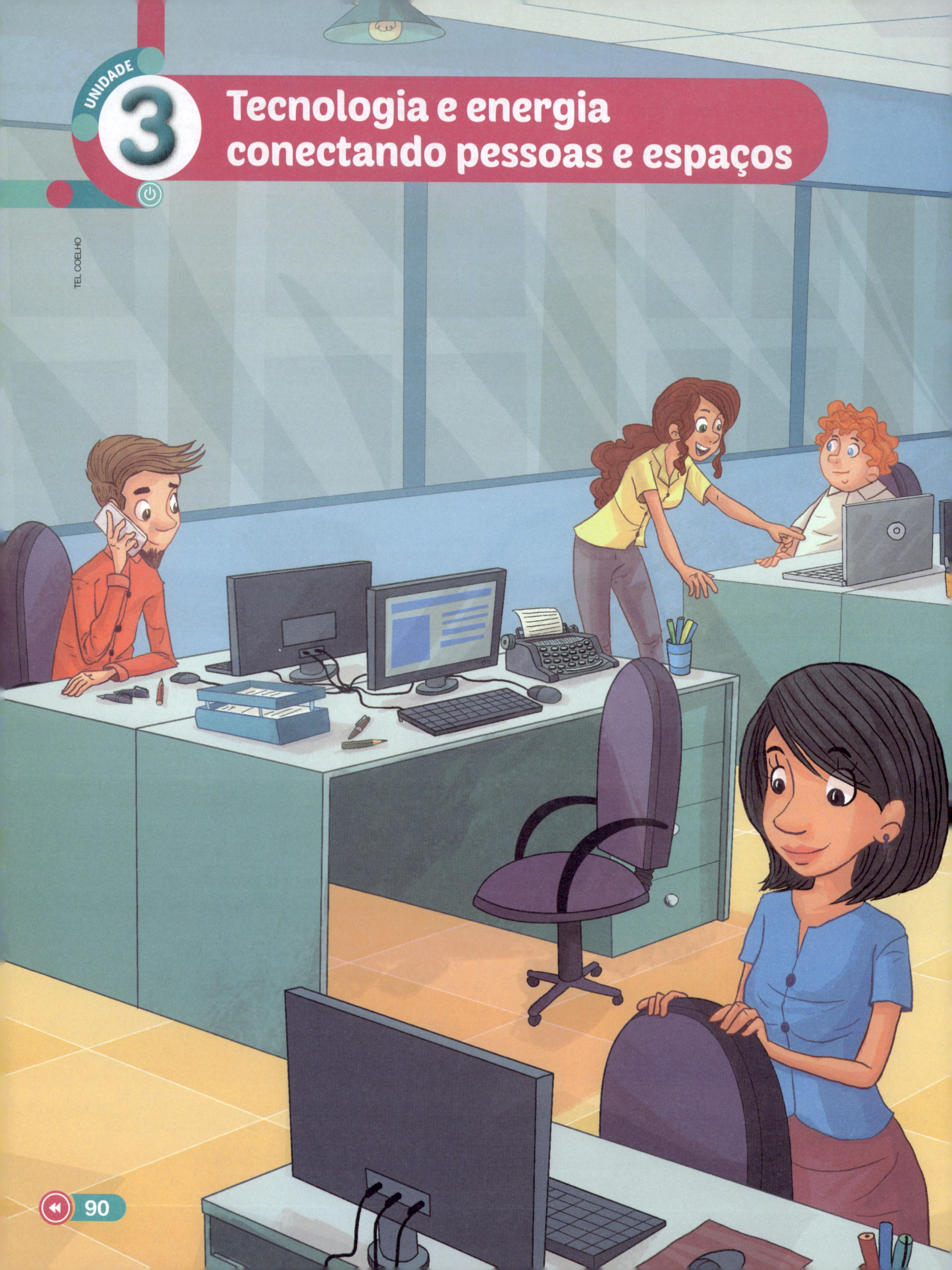

UNIDADE 3
Tecnologia e energia conectando pessoas e espaços

Vamos conversar

1. Quais são os equipamentos e objetos que as pessoas estão utilizando para trabalhar?

2. Para funcionar, esses equipamentos e objetos precisam de algum tipo de energia. Em sua opinião, de onde essa energia é obtida?

3. Um tipo de energia ilumina esse ambiente. Qual é? Você sabe como se produz esse tipo de energia?

4. Dois objetos que aparecem nessa cena não são considerados modernos. Quais são esses objetos? Por que eles não são considerados modernos?

CAPÍTULO 1 — A modernização das atividades econômicas

A modernização da agricultura

No início da prática agrícola, os instrumentos e as ferramentas utilizados eram muito rudimentares: pedras afiadas, lascas de ossos de animais, galhos de árvores.

Com o passar do tempo, diversas ferramentas, máquinas e equipamentos foram inventados. Também se desenvolveram novas técnicas de cultivo, e as técnicas já existentes foram aprimoradas.

Além disso, foram criados os fertilizantes químicos, para produzir mais alimentos, e também os defensivos agrícolas, para combater insetos, ervas daninhas e doenças que prejudicam as plantações.

Com a utilização de máquinas e de técnicas de cultivo mais modernas, é possível aumentar a produção agrícola utilizando cada vez menos trabalhadores rurais.

Por um lado, a modernização que ocorreu nas atividades agrícolas possibilitou um grande aumento da produção. Por outro lado, acarretou uma diminuição da oferta de emprego nas atividades rurais, pois diversas etapas do trabalho passaram a ser feitas por máquinas.

Colheita mecanizada de soja no município de Formoso do Rio Preto, estado da Bahia, 2017.

1. Quais são as consequências da modernização das atividades agrícolas?

Para além das máquinas agrícolas

O desenvolvimento da tecnologia da informação permitiu avanços em todas as áreas. E a agricultura não ficou de fora.

Drones e *softwares* agrícolas já estão sendo utilizados pelos agricultores.

Os *drones* são veículos aéreos não tripulados, geralmente de pequeno porte. Eles são comandados a distância por controle remoto.

Os *drones* são equipados com câmeras que captam imagens com precisão, sistemas de localização por GPS (*Global Positioning System*) e outros mecanismos e *softwares* para as mais diversas finalidades.

Na agricultura, os *drones* sobrevoam as áreas de cultivo, coletam imagens com grande resolução e captam dados com precisão. As imagens e os dados são analisados por *softwares* desenvolvidos especificamente para a agricultura e fornecem informações que ajudam o agricultor a controlar e a melhorar a produtividade.

> **Tecnologia da informação:** conjunto de recursos de computação que possibilitam o registro, o armazenamento e a análise de dados.

Alguns *drones* têm capacidade de analisar o solo quimicamente para avaliar se há falta de algum nutriente. Na foto, técnico opera *drone* em plantação no município de Ortigueira, estado do Paraná, em 2017.

A modernização da pecuária

A modernização da pecuária é notada principalmente na pecuária intensiva.

Rações nutritivas e alimentos complementares foram produzidos para que os animais engordem mais rapidamente e estejam prontos para o abate. Vacinas para a prevenção de diversas doenças que atingem os animais foram desenvolvidas.

Além disso, novas técnicas de criação e de reprodução de animais e a utilização de máquinas e de equipamentos contribuíram para o aumento da produção de carne, leite e couro.

A tecnologia da informação também está presente na pecuária. Brincos com *chips* são colocados nos animais para rastrear o rebanho. Esses *chips* transferem para um banco de dados, via satélite, várias informações sobre os animais: identificação, localização, dados de vacinação e de produção, entre outras.

Os *drones* também são utilizados por muitos criadores para monitorar os animais e para vigilância dos pastos, a fim de prevenir o roubo de animais.

Brincos eletrônicos ajudam a identificar e a obter dados de cada animal do rebanho.

Ordenha mecanizada no município de Palmeira, estado do Paraná, 2013.

2 De que maneira a modernização das atividades agropecuárias pode contribuir para o aumento da produção de alimentos e de matérias-primas? Converse sobre isso com o professor e os colegas.

A modernização das atividades extrativas

As atividades extrativas praticadas de forma industrial vêm se modernizando rapidamente.

Algumas embarcações utilizadas na pesca industrial, por exemplo, são equipadas com radares que localizam os cardumes. Isso aumenta a quantidade de pescados e torna a atividade pesqueira mais precisa e produtiva.

Outras embarcações constituem verdadeiras indústrias em alto-mar. Elas têm instalações fabris com capacidade de processar e armazenar o pescado. Enquanto isso, a pesca continua!

Barco pesqueiro no Canal da Mancha, Reino Unido, 2016.

No extrativismo mineral, a utilização de técnicas avançadas, de modernos equipamentos e de mão de obra especializada aumentou muito a produção mineral no Brasil.

Assim como na agricultura e na pecuária, os *drones* também são utilizados nas atividades extrativas: eles fazem o levantamento do relevo da área onde estão as minas a serem exploradas, localizam e monitoram jazidas, entre outras aplicações.

Extração de calcário no município de Almirante Tamandaré, estado do Paraná, 2016.

3. Liste exemplos de como o desenvolvimento tecnológico pode ser aplicado nas atividades do campo.

Modernização no campo não é para todos

Muitas indústrias e institutos de pesquisas agropecuárias vêm desenvolvendo máquinas, equipamentos, sementes melhoradas e novas técnicas de produção, contribuindo para a modernização das atividades agrícolas e pecuárias.

A biotecnologia, por exemplo, desenvolve técnicas para utilizar material biológico na agricultura e também na indústria.

Essas técnicas são utilizadas no melhoramento de sementes e de mudas para cultivo. E podem ser empregadas, ainda, na produção de fertilizantes, de agrotóxicos, de alimentos, de bebidas e de medicamentos, entre outros produtos.

A biotecnologia integra conhecimentos de diversas áreas: biologia, química, agronomia, engenharia genética, informática, entre outras.

> **Material biológico:** células, microrganismos, enzimas.
>
> **Engenharia genética:** desenvolve técnicas para manipular e recombinar genes de organismos vegetais e animais, para aplicação na agricultura, pecuária e medicina.

No entanto, essa modernização não ocorre de forma igualitária em todas as propriedades agrícolas e não beneficia todos os produtores. São poucos os que podem pagar por técnicas e equipamentos mais modernos: geralmente os grandes proprietários ou as empresas agropecuárias.

Interior de laboratório de biotecnologia em Cingapura, um país da Ásia, 2015. Esse laboratório desenvolve ração de frango baseada em lactobacilos para reduzir a necessidade de outras substâncias químicas na alimentação das aves.

4. Leia esta frase: "A modernização de técnicas e equipamentos utilizados na agricultura beneficiou igualmente todos os agricultores".

- Você concorda com essa frase? Explique a sua resposta.

> Antes de explicar sua resposta, **organize seus pensamentos e fale com clareza**. Assim, todos entenderão suas ideias.

A modernização da indústria

Nos dias de hoje, as indústrias produzem grande quantidade do mesmo produto em pouco tempo. Isso é possível graças aos avanços tecnológicos das máquinas, dos equipamentos e da própria forma de produzir.

Compare as fotos desta página. Elas mostram linhas de montagem de veículos em 1923 e em 2016.

A linha de montagem foi inaugurada por Henry Ford em sua fábrica de automóveis, nos Estados Unidos, em 1913.

Na linha de montagem, os automóveis que estão sendo produzidos ficam sobre esteiras. Conforme a esteira se movimenta, cada operário vai colocando as peças e montando o automóvel, de maneira prática e eficiente.

A linha de montagem passou a ser utilizada em indústrias dos mais diversos produtos, transformando o modo de produzir.

Atualmente, cada vez mais os equipamentos de alta tecnologia, como os robôs, têm substituído operários na produção industrial.

Linha de montagem de automóveis no interior de fábrica no estado de São Paulo, 1923.

Linha de montagem no interior de fábrica de automóveis, no município de São José dos Pinhais, estado do Paraná, 2016.

5. Que diferenças você observa no modo de produzir automóveis nos anos de 1923 e 2016?

Do artesanato à indústria moderna

Você observou, na página anterior, que, em um período de cerca de cem anos, as técnicas e a forma de produzir mercadorias mudaram bastante. Mas o processo de transformar recursos naturais ou matérias-primas em mercadorias é bem mais antigo.

Inicialmente, a forma de produzir os bens necessários às atividades humanas era artesanal e familiar. Produziam-se objetos de uso diário, instrumentos de trabalho, roupas etc., que se destinavam, geralmente, ao consumo da própria família.

Alguns objetos eram feitos e vendidos sob encomenda, movimentando um pequeno comércio. Essa forma de produzir mercadorias ficou conhecida como **artesanato**.

O artesão era o trabalhador que produzia os bens, um a um, em uma pequena oficina na própria casa. O trabalho era feito com ferramentas simples e dependia muito da habilidade do artesão.

A oficina de um tecelão, de Gillis Rombouts, 1656. Essa pintura representa um artesão trabalhando em ambiente doméstico, com a família. Óleo sobre tela.

Com o passar do tempo, a população urbana foi aumentando e os artesãos, que produziam sozinhos os produtos, contrataram ajudantes, dividindo as tarefas. Com a divisão do trabalho, cada trabalhador realizava uma etapa da produção, diminuindo o tempo necessário para produzir cada objeto e aumentando a quantidade produzida. Esses ajudantes recebiam salário pelo trabalho que realizavam. O trabalho deixou de ser familiar e doméstico e passou a ser realizado em grandes oficinas que reuniam os artesãos. Essas oficinas eram chamadas de manufaturas. Por isso, essa forma de produzir ficou conhecida como **manufatura**.

Entre os séculos XVII e XVIII, o comércio se intensificou muito e estimulou o crescimento das manufaturas. Muitos proprietários de manufaturas investiram no desenvolvimento de técnicas mais avançadas de produção e em inventos que pudessem aumentar a quantidade de produtos fabricados.

Diversas invenções surgiram nesse contexto, como a máquina de fiar (tear mecânico) e a máquina a vapor.

Com a invenção e a utilização de máquinas na produção, surgiu, no século XVIII, uma nova forma de produzir: a **maquinofatura** ou **indústria moderna**. Nessa forma de produzir, a divisão do trabalho aumentou e os trabalhadores deixaram de participar de todas as etapas da produção.

Com a utilização de máquinas e equipamentos, a indústria passou a produzir uma quantidade muito maior de mercadorias em muito menos tempo.

Na imagem, primeira máquina a vapor, projetada por James Watt no século XVII. As peças e engrenagens da máquina eram movidas pela força do vapor gerado pela água em ebulição.

6 Quais são as diferenças na forma de produzir mercadorias entre o artesanato, a manufatura e a indústria moderna?

CAPÍTULO 2 — Os avanços nas comunicações

A partir do advento da indústria, surgiram novos inventos e várias descobertas científicas.

O desenvolvimento tecnológico possibilitou muitas inovações. Entre elas, as que mais alteraram o modo de vida das pessoas foram as inovações que ocorreram nos meios de comunicação e nos meios de transporte.

Neste capítulo, você vai estudar os avanços na tecnologia da comunicação. No capítulo 3, você vai estudar a evolução tecnológica dos meios de transporte.

A evolução dos meios de comunicação

A invenção do rádio, do telefone, da televisão e da internet provocou profundas mudanças nas relações entre as pessoas e nas atividades econômicas.

Vamos conhecer um pouco esses meios de comunicação.

O rádio

O rádio é um meio de comunicação que transmite notícias, músicas, partidas de futebol, previsão do tempo e muitas outras informações.

A primeira transmissão de voz feita pelo rádio foi a do italiano Guglielmo Marconi, em 1901.

O rádio também é muito utilizado em aviões, helicópteros e navios, que necessitam se comunicar e entrar em contato com pessoas que estão em terra.

A transmissão de som pelo rádio é feita no Brasil há quase um século. O rádio é um dos mais importantes meios de comunicação em nosso país.

Utilização de rádio em embarcação.

1. Em sua casa há rádio? Se sim, o que se ouve nele? Quem da família utiliza mais esse meio de comunicação?

A televisão

A primeira emissora de televisão do Brasil foi a TV Tupi Difusora, inaugurada em 1950.

Nessa época, todos os programas eram transmitidos ao vivo (até as propagandas), pois não havia tecnologia suficiente para fazer gravações. E as imagens eram em preto e branco, não eram coloridas como são hoje. As primeiras transmissões em cores, no Brasil, só ocorreram na década de 1970.

Atualmente, o grande desenvolvimento tecnológico do setor de comunicações possibilita que imagem e som sejam transmitidos pela televisão para qualquer lugar do planeta, praticamente de maneira instantânea.

Pessoas aguardam a primeira transmissão da TV Tupi no saguão dos Diários Associados, na cidade de São Paulo, em 1950.

O aparelho de televisão também mudou bastante desde a sua invenção. Atualmente eles são finos e feitos com materiais mais leves, por exemplo, o plástico. Os aparelhos mais modernos têm muitas funções e podem acessar a internet.

As *smart* TVs são televisões com diversas funções. Com elas, podemos assistir a nossos programas favoritos e acessar a internet. Você reparou que essa televisão parece um grande monitor ou tela de computador?

2. Que diferenças há entre a televisão de antigamente e a televisão de hoje?

3. Em sua casa há televisão? Se sim, como ela é? A quais programas você gosta de assistir?

4. Em sua opinião, quais são os aspectos positivos da modernização da televisão? E os negativos?

O telefone

Uma das grandes invenções nas comunicações foi o telefone. Ele envia e recebe sons ao mesmo tempo, alcançando longas distâncias.

Os telefones podem ser fixos ou móveis.

Nos telefones fixos, a comunicação ocorre com a utilização de fios e cabos conectados a um terminal fixo, geralmente instalado em residências e estabelecimentos comerciais. Para funcionar, os telefones fixos precisam estar conectados a esse terminal.

Nos telefones móveis, também conhecidos como celulares, o terminal fica dentro do aparelho, permitindo que o celular seja utilizado em qualquer local que tenha disponibilidade de sinal.

Os aparelhos celulares vêm se modernizando. Antigamente, eles eram grandes, pesados e tinham poucos recursos. Com o tempo, foram se tornando mais leves e adquirindo outras funções.

Atualmente, pelo celular é possível enviar e receber mensagens de texto e imagens, conectar-se às estações de rádio e aos canais de televisão, além de acessar a internet.

Os primeiros telefones eram pesados e ficavam fixados na parede. Falava-se por uma peça chamada transmissor e ouvia-se por outra, chamada receptor. Era necessário acionar uma manivela para chamar o telefonista, que completava a ligação. Na foto, telefone de 1880.

Os telefones fixos de hoje são mais compactos, leves e podem funcionar sem fio. Alguns aparelhos têm funções complementares, como agenda e despertador.

Telefone celular.

Imagens sem proporção para fins didáticos.

5 Há telefone fixo em sua casa?

6 Você tem telefone celular? Se sim, para que você o utiliza?

7 Em sua opinião, quais são os aspectos positivos da modernização do telefone? Você acha que essa modernização trouxe algum aspecto negativo? Converse com o professor e os colegas sobre isso.

A internet

Até pouco tempo atrás, para se comunicar com alguém que estava distante, era preciso escrever uma carta ou fazer uma chamada telefônica. Porém, as cartas podiam demorar muito tempo para chegar ao seu destino, as ligações de longa distância tinham custos elevados e a qualidade nem sempre era boa.

Com a invenção da internet houve uma grande mudança na forma de se comunicar. Com ela, a comunicação se tornou mais rápida e, hoje, em poucos segundos, é possível ver e falar com pessoas que estão em diferentes partes do mundo.

A internet é a rede por meio da qual estão interligados computadores do mundo inteiro.

Com a internet é possível enviar e receber mensagens por *e-mail*, acompanhar notícias em *sites*, ler *e-books*, ouvir música, assistir a programas de televisão ou mesmo ver um filme.

Além de tudo isso, a internet pode ser usada para acessar as redes sociais e conversar com familiares e amigos em tempo real, por meio de mensagens de texto, voz e vídeo.

A internet também pode ser acessada por meio de *smartphones, tablets, smart* TVs, entre outros dispositivos.

Os *smartphones* são aparelhos celulares com acesso à internet e várias funções, como câmera fotográfica e localizador.

O *tablet* é um aparelho que acessa a internet e permite, por exemplo, a leitura de textos.

Imagens sem proporção para fins didáticos.

A internet mudou o setor de comércio e de serviços

O desenvolvimento de satélites artificiais de comunicação, cabos de fibra óptica e a modernização de computadores e de celulares, aliados à internet, provocaram mudanças nas atividades de comércio e de serviços.

Atualmente, é possível comprar os mais variados produtos pela internet, sem precisar se deslocar até uma loja física. A internet também tornou possível o acesso aos mais diversos serviços, por exemplo, agendar uma consulta médica, contratar o serviço de táxi ou realizar transações financeiras.

8 Observe o gráfico e responda às questões.

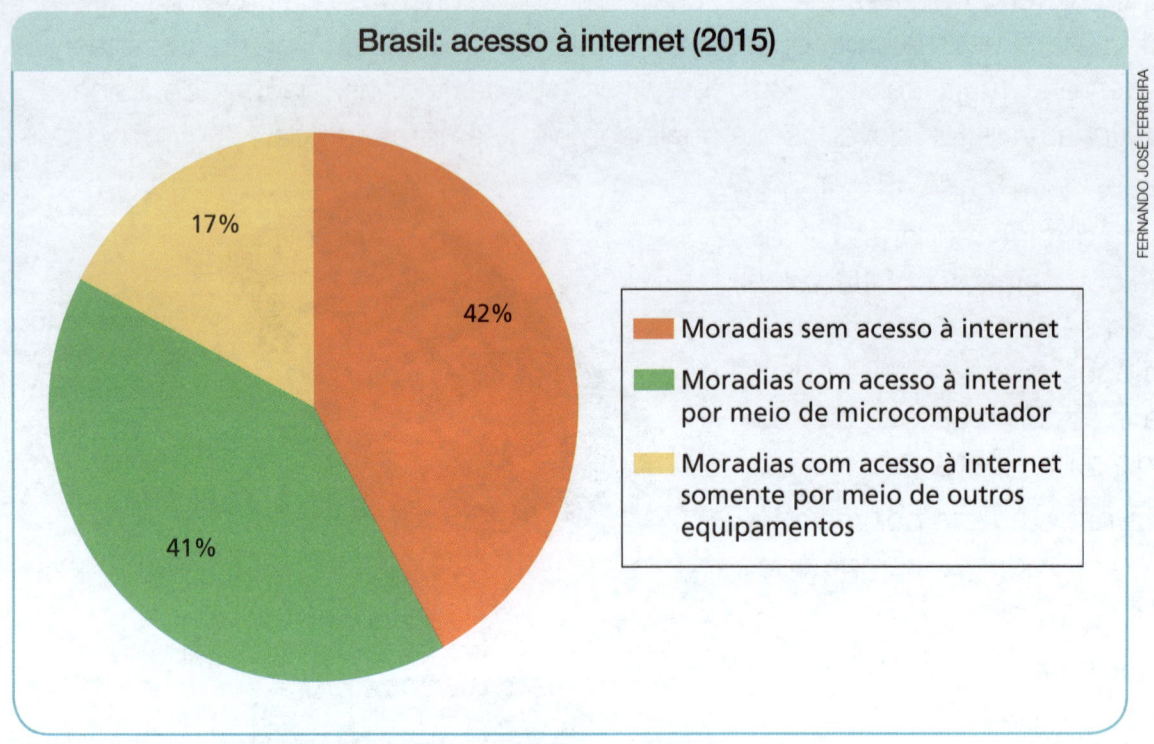

Atividade interativa
Meios de comunicação

Brasil: acesso à internet (2015)

- 42% Moradias sem acesso à internet
- 41% Moradias com acesso à internet por meio de microcomputador
- 17% Moradias com acesso à internet somente por meio de outros equipamentos

Fonte: IBGE. *Pesquisa nacional por amostra de domicílios*: acesso à internet e à televisão e posse de telefone móvel celular para uso pessoal 2015. Rio de Janeiro: IBGE, 2016.

a) De cada 100 moradias, quantas tinham acesso à internet por meio de microcomputador? ☐

b) E quantas tinham acesso à internet somente por meio de outros equipamentos? ☐

c) No Brasil, de cada 100 moradias, quantas tinham acesso à internet em 2015? E quantas não tinham acesso à internet?
_____
_____

d) Além do microcomputador, é possível acessar a internet por meio de quais outros dispositivos?
_____
_____

e) E você, qual dispositivo mais utiliza para acessar a internet:

- na sua casa? _____
- na sua escola? _____

CAPÍTULO 3. A evolução tecnológica dos meios de transporte

Da tração animal aos veículos motorizados

Os meios de transporte representados a seguir têm em comum um elemento muito importante. Sem ele, esses meios não poderiam se locomover.

IVAN COUTINHO

Representações sem proporção para fins didáticos.

1 Você sabe que elemento é esse?

2 Você conhece algum meio de transporte que não tem esse elemento?

3 Entre os meios de transporte que têm rodas, qual você mais utiliza?

4 Imagine como ele seria se não tivesse rodas e desenhe-o no caderno.

A roda é uma das invenções mais importantes da humanidade.

Você já imaginou uma bicicleta sem rodas? E um carro? É difícil de imaginar, não é? Estamos tão acostumados com as rodas que nem percebemos que elas existem na bicicleta, no automóvel, no caminhão e até no avião!

Os meios de transporte citados anteriormente são muito comuns hoje em dia. Mas nem sempre foi assim.

Há cerca de 200 anos, para percorrer longas distâncias, as pessoas iam a pé ou usavam carros puxados por animais, como as carroças.

A domesticação de animais possibilitou que eles fossem utilizados no transporte de pessoas e de carga. Com a invenção da roda, surgiram as carroças puxadas por animais, como cavalos e bois. Na foto, carroça puxada por bois, também conhecida como carro de boi, em área rural do município de Boninal, estado da Bahia, em 2016.

5 Você já viu um veículo como o mostrado na foto acima no lugar onde vive? Se sim, o que ele transportava?

Ao longo do tempo, as carroças foram sendo substituídas por veículos dos mais variados tipos: bondes, automóveis, ônibus, caminhões, trens, aviões.

Atualmente, todos esses meios transportam pessoas e mercadorias com rapidez e conforto. No entanto, eles não surgiram como os conhecemos hoje; eles foram passando por transformações, de acordo com as técnicas e os conhecimentos de cada época.

Com a evolução das técnicas e dos conhecimentos e a invenção de novos materiais, os meios de transporte passaram, e ainda passam, por grandes avanços tecnológicos. Vamos saber um pouco mais sobre a evolução de alguns meios de transporte.

A evolução das embarcações

O desenvolvimento das embarcações e a descoberta de novas técnicas de navegação possibilitaram aos seres humanos atravessar rios, mares e oceanos, vencendo longas distâncias.

Das canoas de madeira às grandes embarcações, como os transatlânticos, houve muitos progressos.

As primeiras embarcações utilizadas para navegar em mares e rios eram **canoas** muito simples feitas de tronco de árvore. Elas se moviam com a correnteza da água ou por remos.

Com o tempo, foram inventados os **barcos a vela**, que se moviam impulsionados pela força do vento. A evolução desse meio de transporte deu origem às **caravelas**, mais seguras e capazes de navegar longas distâncias.

Depois dos primeiros barcos a vapor, que surgiram há cerca de 200 anos, muitas embarcações começaram a utilizar motores movidos a óleo *diesel*, tornando as viagens mais rápidas.

Atualmente, os **navios** são mais utilizados para o transporte de cargas.

Modelo de barco a vela utilizado pelos antigos egípcios há cerca de 3.800 anos.

Aquarela representando caravelas, de Rafael Monleón y Torres, do final do século XIX. A bordo de uma caravela, Pedro Álvares Cabral chegou às terras que atualmente formam o Brasil.

Há também os transatlânticos, luxuosos navios que navegam nos oceanos e se destinam a transportar passageiros, principalmente turistas.

Transatlântico no litoral do estado do Rio de Janeiro, 2015.

6 Como as canoas são movidas? E os barcos a vela?

7 Que inovação permitiu que os barcos conseguissem fazer viagens mais rápidas?

Da maria-fumaça aos trens supervelozes

O **trem** é um meio de transporte no qual uma locomotiva puxa vários vagões. Antes da invenção da locomotiva, esses vagões eram puxados por animais.

A locomotiva foi inventada há cerca de 200 anos. Ela era lenta e movida a vapor. O vapor era obtido pela queima de carvão mineral ou vegetal.

Por soltar muita fumaça, a locomotiva a vapor ficou conhecida como "maria-fumaça".

Há quase 100 anos, os trens passaram a ser movidos a eletricidade ou óleo *diesel*.

Desde a invenção da maria-fumaça aos dias atuais, os trens se modernizaram e ficaram bem mais velozes. O trem-bala é um dos trens mais velozes do mundo.

Primeira locomotiva, desenvolvida em 1804.

Locomotiva a vapor do século XIX em estação no município de Tiradentes, estado de Minas Gerais, em 2016. Atualmente, essa locomotiva é utilizada apenas para passeios turísticos.

Trem-bala na cidade de Tóquio, no Japão, em 2017.

Do balão ao avião, o sonho de voar se realiza

A possibilidade de voar tornou-se realidade há cerca de 230 anos, a bordo de balões inflados com ar quente. Mas era difícil controlar a direção que os balões seguiam. Com a invenção dos dirigíveis, esse controle passou a ser possível. Os **dirigíveis** eram balões compridos e motorizados.

Primeiro balão de ar quente feito por Santos Dumont, em 1898.

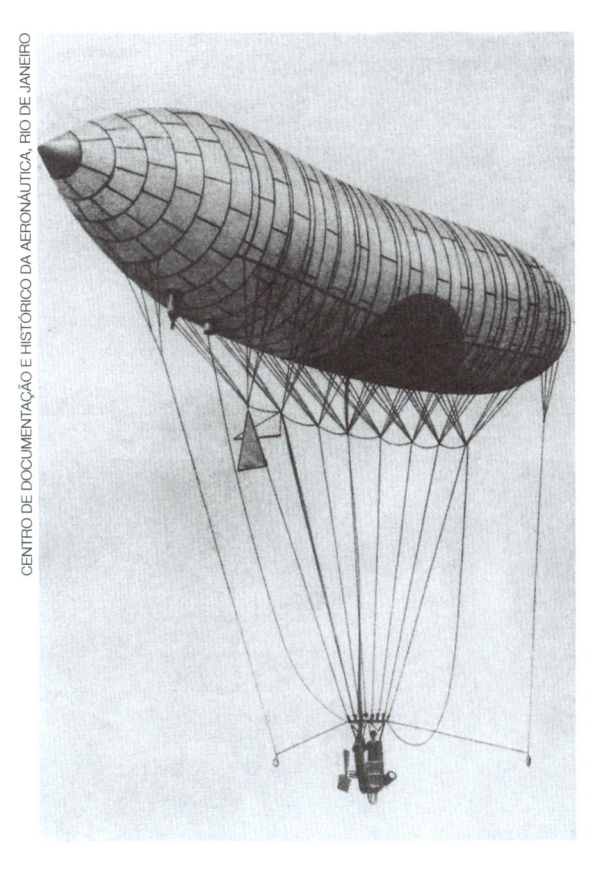

Santos Dumont no primeiro dos vários modelos de dirigível projetados por ele, em 1898.

A invenção do avião representou um grande avanço no transporte aéreo. Desde a construção do avião idealizado pelo brasileiro Alberto Santos Dumont, chamado de 14-Bis, os avanços tecnológicos dessas máquinas voadoras não cessaram. Costuma-se dizer que os aviões encurtam as distâncias entre os vários lugares do mundo, pois percorrem grandes distâncias em pouco tempo.

14-Bis, avião projetado por Santos Dumont. Foto de 1906.

O Boeing 747 é um dos maiores aviões do mundo. Foto de 2017.

A evolução do automóvel

Cerca de 130 anos atrás, o alemão Karl Benz construiu um veículo considerado o precursor dos automóveis modernos. Ele instalou um motor movido a combustível na parte traseira de um triciclo.

Desde então, o automóvel não parou mais de evoluir, tornando-se um dos meios de transporte mais utilizados no mundo.

Populares ou de luxo, os automóveis atingiram grande desenvolvimento tecnológico desde a época de sua invenção até os dias atuais.

Na foto, Karl Benz e seu assistente no veículo construído por ele, em 1885.

Automóvel antigo, em foto tirada em 1927 nos Estados Unidos.

Automóvel atual em foto tirada em 2017 na Polônia, um país europeu.

8 Que diferenças você observa entre os automóveis mostrados nas fotos acima?

Da manivela ao botão de partida

Antigamente, para dar partida em um automóvel, isto é, para ligá-lo, era necessário ter força para girar uma manivela que ficava do lado de fora do veículo, até que o motor "pegasse".

Atualmente, para isso, basta girar uma chave ou apertar um botão dentro do carro. Esse é apenas um dos vários exemplos que ilustram a modernização tecnológica pela qual os automóveis vêm passando nos últimos anos.

Motorista gira a manivela para dar partida em automóvel antigo. Foto de 1948.

Interior de automóvel moderno. Foto de 2015.

Você deve ter percebido que a presença de funções e componentes muito sofisticados nos automóveis mais modernos demonstra a incorporação de tecnologias de ponta desenvolvidas por outras áreas, além da automobilística. Entre essas áreas destacam-se a de novos materiais, a eletrônica e a de comunicação.

Para ler e escrever melhor

O texto que você vai ler **descreve** um meio de transporte coletivo utilizado antigamente.

O bonde

O bonde foi utilizado como meio de transporte coletivo nas cidades brasileiras do fim do século XIX até meados do século XX.

O bonde podia ser movido por tração animal ou energia elétrica e circulava sobre trilhos. O bonde era um meio de transporte não poluente.

Os bondes eram de tamanho variado, mas, geralmente, tinham quatro ou oito rodas. A capacidade de levar passageiros também era variável e dependia do tamanho do bonde.

Alguns bondes eram abertos, não tinham portas ou janelas; outros eram fechados.

O motorneiro era quem conduzia o bonde.

Bonde que liga o centro ao bairro de Santa Teresa, na cidade do Rio de Janeiro, estado do Rio de Janeiro, em 2015. Além de servir de meio de transporte aos moradores, o bonde é uma atração turística da cidade.

1 Qual é o meio de transporte descrito no texto?

2 Complete o quadro com as principais características do bonde, respondendo às perguntas.

Principais características do bonde	
É um transporte de qual tipo?	
Qual é a fonte de energia utilizada?	
É poluente?	
Qual é o tamanho?	
Qual é a capacidade de passageiros?	
É um meio de transporte fechado ou aberto?	
Quem conduz o bonde?	

3 Com base nas características apresentadas no quadro abaixo, escreva, no caderno, um texto contando como é o veículo leve sobre trilhos (VLT).

Principais características do veículo leve sobre trilhos (VLT)
Transporte ferroviário.
Movido a eletricidade.
Não poluente.
Transporta até 400 passageiros.
Meio de transporte fechado.
Conduzido pelo condutor.

Veículo leve sobre trilhos na cidade do Rio de Janeiro, estado do Rio de Janeiro, em 2016.

- Para enriquecer seu texto, pesquise outras informações sobre o veículo leve sobre trilhos. Lembre-se de dar um título para o seu texto.

Para escrever o texto, **utilize o que aprendeu** ao estudar este capítulo e **faça perguntas** sobre o assunto. Você pode descobrir informações que enriquecerão o seu texto!

CAPÍTULO 4 — Fontes de energia

Você sabe o que é energia?

Podemos chamar de **energia** a capacidade de realizar uma ação ou trabalho.

Para andar, brincar ou estudar, você precisa de energia. Essa energia é obtida dos alimentos.

A energia necessária para um automóvel funcionar geralmente provém de algum combustível, como a gasolina. Em geral, a energia que faz as máquinas e os equipamentos de uma indústria funcionarem é a eletricidade.

Mas a gasolina e a eletricidade nem sempre existiram como fontes de energia. A descoberta do petróleo como fonte energética e as inovações que permitiram o uso da eletricidade ocorreram apenas em meados do século XIX. As fontes de energia mais utilizadas até então eram a força muscular de pessoas e de animais, a água, o vento e a queima de carvão.

Vamos ver como a água era utilizada em um monjolo para triturar grãos.

O monjolo é um tipo de gangorra em que há uma espécie de cuba em uma ponta e, na outra, há uma estaca para socar grãos. Quando a cuba se enche de água, ela fica pesada e desce; a outra ponta do monjolo, onde há a estaca, sobe. A cuba é esvaziada, fica leve e sobe; a estaca, por sua vez, desce, socando os grãos dentro do pilão. Essa operação se repete inúmeras vezes e, nesse "sobe-desce", os grãos vão sendo socados e triturados no pilão.

Com o advento da energia elétrica, o monjolo foi substituído por um triturador elétrico, capaz de moer uma quantidade bem maior de grãos em tempo muito menor. A energia elétrica é uma das mais importantes fontes de energia da atualidade.

Vamos conhecer um pouco mais essa e outras fontes de energia.

Monjolo construído entre os anos de 1913 e 1915, no município de Canela, estado do Rio Grande do Sul. Foto de 2010.

Energia elétrica

Já pensou em como seria o seu dia a dia sem a energia elétrica?

É essa energia que faz funcionar quase todos os aparelhos domésticos que temos em casa: televisão, geladeira, liquidificador, batedeira, ferro de passar, forno de micro-ondas, máquina de lavar roupas, entre outros. Até para carregar a bateria do telefone celular usamos energia elétrica!

1. Há energia elétrica em sua casa?

2. Além dos exemplos citados no texto acima, que outros aparelhos domésticos que funcionam com energia elétrica você conhece?

3. A rua onde você mora tem iluminação elétrica?

A descoberta da energia elétrica revolucionou o modo de vida, as atividades econômicas e os meios de transporte e de comunicação.

Ela está presente em casas, hospitais, escolas, escritórios, estabelecimentos comerciais e ilumina as vias públicas, facilitando a circulação pelas ruas durante a noite.

A energia elétrica movimenta máquinas e equipamentos nas indústrias. Também movimenta trens, metrô, ônibus e até automóveis.

Mas de onde vem a energia elétrica?

Baterias de automóveis elétricos sendo recarregadas em equipamentos de carga rápida veicular, no município do Rio de Janeiro, estado do Rio de Janeiro, 2015.

Vista noturna da cidade de Belo Horizonte, estado de Minas Gerais, 2017.

A produção de energia elétrica

Audiovisual
As represas

Podemos produzir energia elétrica de várias maneiras. A mais utilizada no Brasil é a produzida nas usinas hidrelétricas, onde a energia do movimento da água dos rios é transformada em energia elétrica.

Nas áreas de quedas-d'água são construídas barragens para reter a água do rio, formando lagos ou represas. Quando liberada, a força da água gira as turbinas da usina hidrelétrica. Essas turbinas acionam um gerador, que produz a energia elétrica.

A eletricidade pode ser transportada por fios condutores. Assim, por meio de redes de transmissão, a energia elétrica é distribuída aos consumidores.

Veja o esquema abaixo.

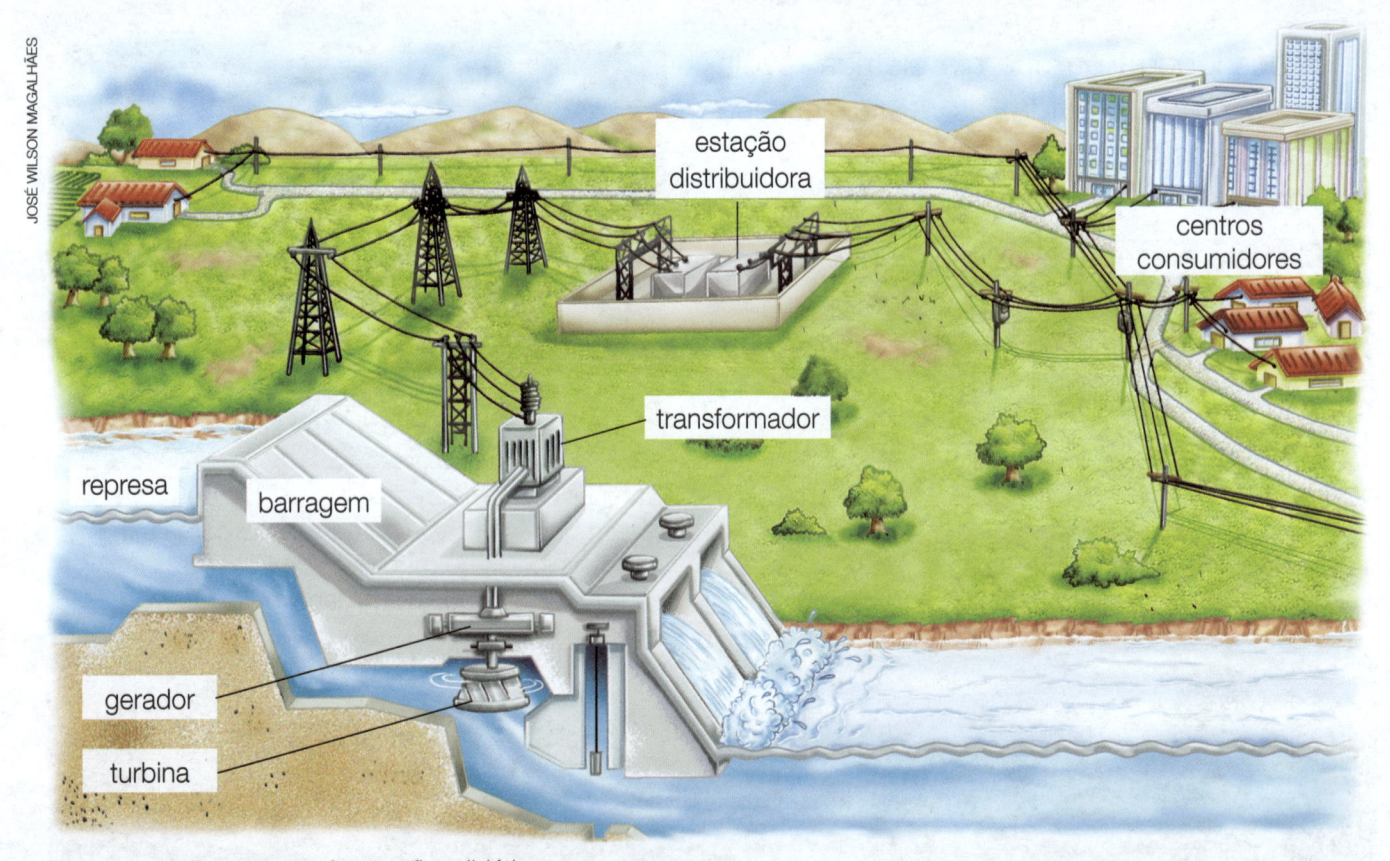

Representação sem escala para fins didáticos.

Após passar pela turbina, a água é reconduzida ao rio. A energia elétrica produzida na usina hidrelétrica é uma fonte de energia renovável.

4 Mesmo sendo produzida em locais distantes, como a energia produzida nas usinas hidrelétricas chega às nossas casas?

5 Em sua opinião, a construção de uma usina hidrelétrica pode causar impactos ao ambiente? Justifique sua resposta.

O Brasil tem muitos rios que podem ser aproveitados para gerar energia elétrica. A maior parte da energia elétrica consumida no país é proveniente de hidrelétricas.

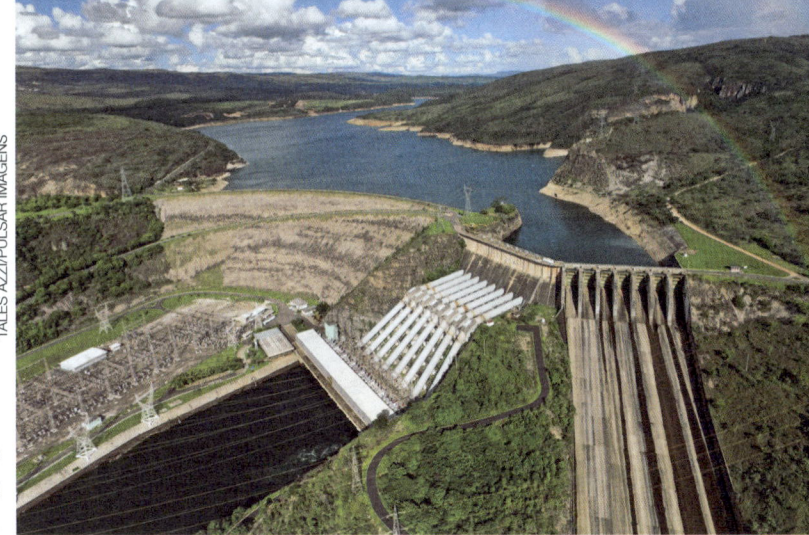

Usina hidrelétrica de Furnas, no Rio Grande, município de São José da Barra, estado de Minas Gerais, 2018.

Carvão mineral

O carvão mineral é um recurso natural não renovável extraído geralmente de minas subterrâneas.

No passado, o carvão mineral foi a base energética utilizada para o desenvolvimento de motores e máquinas a vapor, isto é, movidos pela pressão do vapor de água, que era obtido pelo aquecimento da água por meio da queima do carvão.

Nos dias de hoje, o carvão mineral é usado para gerar energia elétrica nas usinas termelétricas, em um processo parecido com o que ocorre nas usinas hidrelétricas. Porém, nas usinas termelétricas, o que faz a turbina girar e acionar o gerador não é o movimento da água, mas o vapor produzido pelo aquecimento de água por meio da queima de carvão mineral ou de outros combustíveis. O carvão mineral também é usado nas atividades industriais para gerar calor e aquecer os fornos de usinas siderúrgicas, onde se produz aço.

A produção de carvão mineral, no Brasil, concentra-se na Região Sul e é pequena em relação às necessidades internas. Por isso, é preciso importar esse recurso de outros países.

Recurso natural não renovável: recurso que não se renova naturalmente nem pode ser reposto ou reproduzido pela ação humana.

Depósitos de carvão mineral em pátio de mineradora no município de Treviso, estado de Santa Catarina, 2016.

6 Em quais atividades o carvão pode ser utilizado como fonte de energia?

Petróleo e seus derivados

O petróleo também é um recurso natural não renovável. É encontrado em poços subterrâneos, no interior dos continentes e principalmente nos mares e oceanos.

Querosene, gasolina, óleo *diesel*, gás de cozinha, óleos lubrificantes, entre outros produtos, são obtidos por meio de um processo de separação dos componentes que constituem o petróleo. Por isso, dizemos que esses produtos são **derivados de petróleo**.

O petróleo e alguns de seus derivados são, na atualidade, a principal fonte de energia utilizada em todo o mundo. O óleo *diesel* é combustível de tratores, colheitadeiras e outras máquinas utilizadas no campo. Esse óleo também é utilizado como combustível de ônibus, de caminhões e de embarcações. A gasolina é um dos principais combustíveis utilizados nos automóveis. O querosene de aviação também é um derivado do petróleo.

Além de fonte energética, o petróleo também fornece matérias-primas para a fabricação de vários produtos: tintas, plásticos, asfalto, fertilizantes agrícolas, borracha sintética, cosméticos etc.

No Brasil, a descoberta de petróleo ocorreu em 1939, no estado da Bahia.

Atualmente, o Brasil é autossuficiente na produção de petróleo. Isso quer dizer que a produção brasileira ocorre em quantidade suficiente para atender às necessidades de consumo do país.

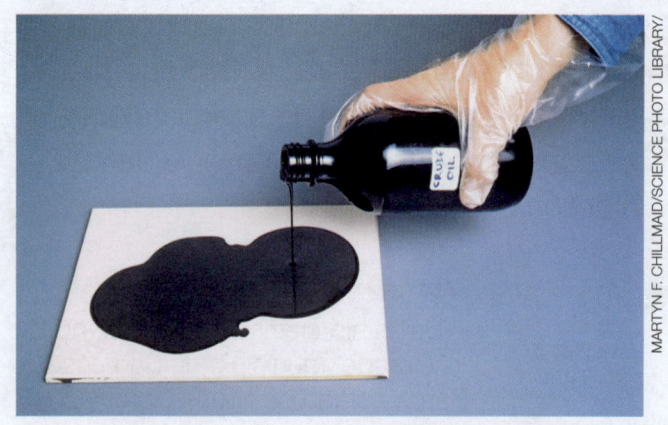

O petróleo é uma mistura de substâncias cuja consistência é semelhante à de um óleo. Sua cor varia do incolor ao marrom ou preto, passando pelo verde, dependendo do local de onde é extraído.

O gás liquefeito de petróleo, conhecido como gás de cozinha, é muito utilizado nas casas para acender fogões. Esse gás é derivado do petróleo.

É na refinaria que ocorre o processo para obtenção dos derivados de petróleo. Na foto, refinaria no município de São José dos Campos, estado de São Paulo, 2017.

7 Em seu caderno, liste pelo menos dois usos do petróleo como fonte de energia e dois usos do petróleo como matéria-prima para atividades industriais.

Gás natural

O gás natural é muito utilizado como fonte de energia. Ele pode ser encontrado sozinho ou com o petróleo.

Assim como acontece com o petróleo, o gás natural pode ser usado como fonte de energia e como matéria-prima para a indústria de plásticos, tintas, fibras e borrachas sintéticas etc.

O gás natural é muito utilizado como fonte de energia, principalmente no setor industrial e na geração de energia elétrica nas termelétricas. Como o carvão mineral, o gás natural também é utilizado para aquecer a água e formar vapor para movimentar as turbinas das termelétricas.

Termelétrica no município de Macaé, estado do Rio de Janeiro, 2013.

Desse gás também se obtém o gás natural veicular (GNV), usado como combustível nos veículos, onde é armazenado em cilindros.

Em muitas residências, o gás de cozinha proveniente do petróleo, conhecido como GLP (gás liquefeito de petróleo), está sendo substituído por gás natural. Ao contrário do GLP, que é armazenado e vendido em botijões, o gás natural é encanado: ele chega às casas por encanamento específico.

Automóvel sendo abastecido com gás natural veicular no município de São Paulo, estado de São Paulo, 2013.

O mundo que queremos

Energia elétrica e meio ambiente

Nas usinas hidrelétricas, a energia elétrica é produzida a partir da força da água dos rios, sem poluir o ambiente. Por isso, a energia produzida dessa maneira é considerada "limpa", ao contrário da energia produzida pelas usinas termelétricas, que polui o ambiente, pois lança muitos poluentes na atmosfera ao queimar carvão mineral, petróleo ou gás natural.

No entanto, a construção de usinas hidrelétricas pode causar vários impactos ambientais e sociais.

Para construir uma usina hidrelétrica, geralmente é preciso inundar vastas áreas de floresta, causando desequilíbrio no ecossistema da região e risco de extinção de espécies. Terras indígenas ou povoados podem desaparecer submersos pela água, e, por isso, a população dessas áreas precisa ser transferida e as pessoas têm de recomeçar a vida em outro lugar.

Além disso, o nível da água dos rios pode baixar em períodos de estiagem, comprometendo o funcionamento das usinas hidrelétricas. Quando isso acontece, a produção de energia diminui e pode ocorrer falta de energia elétrica ou racionamento.

Usina hidrelétrica Luis Eduardo Magalhães, no Rio Tocantins, em período de estiagem. Município de Miracema do Tocantins, estado do Tocantins, 2016.

1 O que é uma fonte energética "limpa"?

_____
_____

2 Por que a energia elétrica produzida em uma usina termelétrica não é considerada uma fonte energética "limpa"?

_____
_____

3 Quais são os aspectos positivos da utilização de energia elétrica produzida por usina hidrelétrica? E os negativos?

_____
_____
_____
_____
_____

Vamos fazer

Você estudou que a construção de usinas hidrelétricas e a utilização de termelétricas causam vários impactos ao ambiente e às pessoas. Por isso, é preciso evitar o desperdício de energia elétrica. Que tal fazer uma campanha para conscientizar a comunidade escolar sobre isso dando dicas de como economizar energia elétrica? Siga as etapas e bom trabalho!

Para escrever as dicas, **utilizem os conhecimentos que adquiriram** ao estudar os capítulos desta unidade e **sejam criativos**: uma frase divertida, por exemplo, é uma boa maneira de chamar a atenção de quem vai ler o cartaz.

Etapas

1. Em grupo, pesquisem e selecionem dicas para economizar energia elétrica. Alguns exemplos: apagar as lâmpadas ao deixar um ambiente, reduzir o tempo do banho de chuveiro elétrico etc.

2. Organizem cartazes mostrando as dicas. Recortem e colem imagens, ou façam desenhos ilustrando as dicas, e escrevam legendas para cada uma delas.

3. Apresentem os cartazes para o professor e os colegas da classe, comentando as dicas mostradas.

IVAN COUTINHO

O que você aprendeu

1 Observe as imagens a seguir e, depois, responda no caderno.

Colheita de café no município de Garça, estado de São Paulo, 2016.

Colheita de café no município de Campo do Meio, estado de Minas Gerais, 2015.

a) Qual das imagens mostra a colheita manual de café? E a colheita mecanizada?

b) Qual dos tipos de colheita exige maior número de trabalhadores? Por quê?

c) Em uma semana de trabalho, por meio de qual tipo de colheita haverá maior quantidade de grãos colhidos?

2 Em sua opinião, há aspectos positivos na modernização das atividades agropecuárias? E aspectos negativos? Justifique suas respostas.

3 Ao longo do tempo, o que mudou no modo de fabricação dos produtos?

_____
_____
_____
_____

4 Os telefones podem ser fixos ou móveis. Explique as principais diferenças entre eles.

_____
_____
_____
_____
_____
_____
_____

5 O mapa abaixo mostra o percentual de pessoas de 10 anos ou mais de idade que utilizaram a internet no Brasil, por unidade federativa. Observe-o e responda.

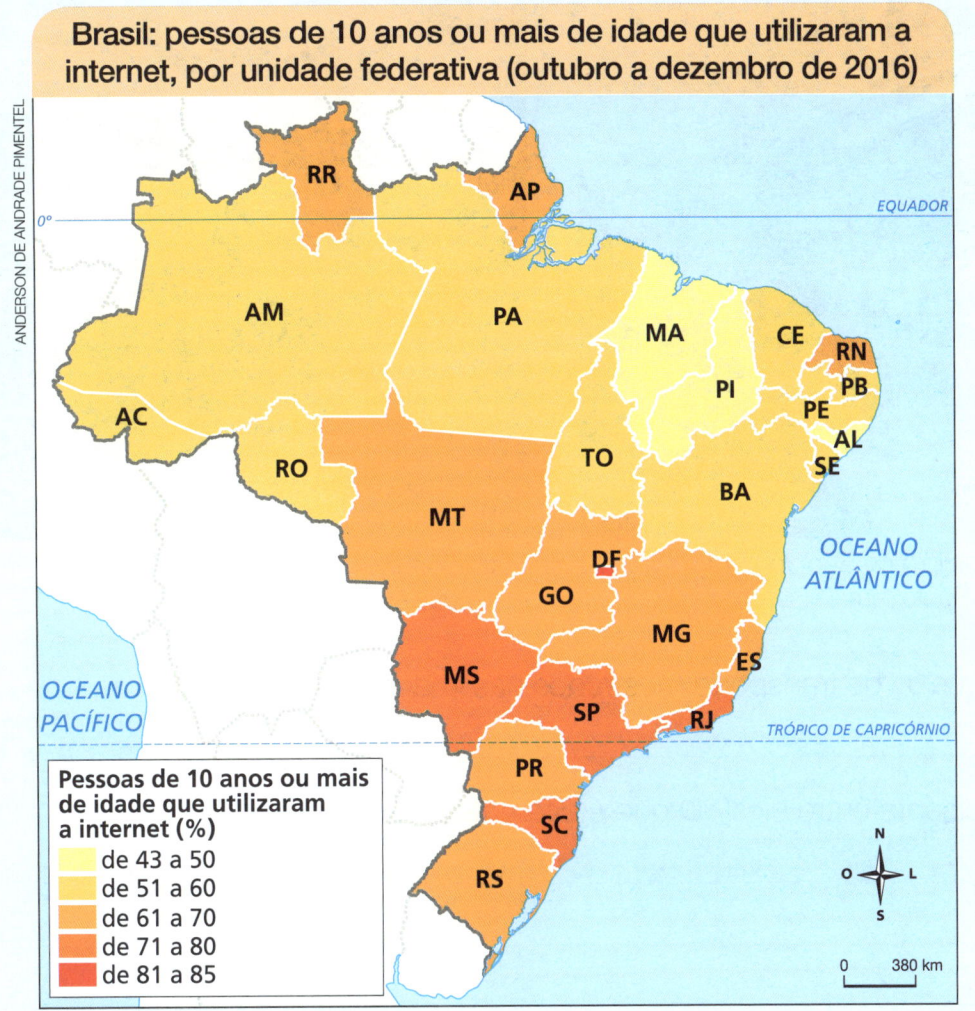

Brasil: pessoas de 10 anos ou mais de idade que utilizaram a internet, por unidade federativa (outubro a dezembro de 2016)

Pessoas de 10 anos ou mais de idade que utilizaram a internet (%)
- de 43 a 50
- de 51 a 60
- de 61 a 70
- de 71 a 80
- de 81 a 85

Fonte: IBGE. *Pesquisa Nacional por Amostra de Domicílios Contínua 2016*: acesso à internet e à televisão e posse de telefone móvel celular para uso pessoal 2016. Rio de Janeiro: IBGE, 2018.

a) Quais são as unidades federativas que apresentaram os menores percentuais de pessoas que utilizaram a internet?

_____

b) Em qual unidade federativa o percentual de pessoas que utilizaram a internet foi maior?

_____

c) A utilização da internet foi homogênea em todo o território brasileiro? Justifique sua resposta.

_____
_____
_____
_____

6 Compare as duas imagens.

1

2

Estação ferroviária no município de São João da Boa Vista, estado de São Paulo, em 1920.

Estação ferroviária no município de São Paulo, estado de São Paulo, em 2016.

a) Quais são os meios de transporte mostrados nas imagens?
_____

b) O que é semelhante entre eles? O que é diferente?
_____
_____
_____
_____

c) Qual é a fonte de energia utilizada para mover cada um desses meios de transporte?
_____
_____
_____

d) O meio de transporte mostrado na foto 2 circula no lugar onde você vive? Você utiliza esse meio de transporte?
_____
_____
_____

124

7 Observe a foto, leia a legenda e responda às questões.

Instalações da Usina Termelétrica Presidente Médici, no município de Candiota, estado do Rio Grande do Sul, 2011. Essa usina produz energia elétrica a partir da queima de carvão mineral.

a) Onde se localiza a usina mostrada na foto?
_____
_____

b) É uma usina termelétrica ou hidrelétrica? Diferencie uma da outra.
_____
_____
_____

c) Qual é a fonte energética que a usina mostrada na foto utiliza para gerar energia elétrica?
_____

d) Essa fonte energética é poluente ou não? Justifique sua resposta citando um elemento mostrado na foto.
_____
_____
_____
_____

8 Leia o texto e responda às questões.

Bons ventos

Você já ouviu falar em energia eólica? Energia eólica é a energia do vento. Podemos produzir energia elétrica a partir da força dos ventos nas usinas ou parques eólicos, geralmente instalados no litoral, onde os ventos são mais intensos e regulares.

No parque eólico, os ventos movimentam grandes hélices ligadas aos aerogeradores, que são responsáveis por transformar a força captada em energia elétrica.

A energia eólica é considerada uma energia "limpa", pois não provoca poluição do ar, do solo ou da água.

Mesmo sendo uma fonte renovável, a energia eólica apresenta algumas desvantagens: às vezes, a força dos ventos não é suficiente para gerar eletricidade; a instalação dos parques eólicos provoca alterações na paisagem local; ao bater nas pás das hélices, o vento gera ruídos, causando poluição sonora.

No Brasil, a produção de eletricidade proveniente de energia eólica vem aumentando nos últimos anos e se concentra na Região Nordeste.

a) O que é energia eólica?
_____

b) Por que a energia eólica é considerada uma energia "limpa"?
_____

c) Quais são as desvantagens da energia eólica?
_____
_____

d) Qual é a região brasileira que mais produz energia elétrica a partir da força dos ventos?

9 Observe o mapa e responda às questões.

Brasil: hidrelétricas e recursos energéticos

Fontes: Agência Nacional do Petróleo, Gás Natural e Biocombustíveis (ANP). *Anuário estatístico brasileiro do petróleo, gás natural e biocombustíveis 2016*. Rio de Janeiro: ANP, 2016; Departamento Nacional de Produção Mineral (DNPM). *Anuário mineral brasileiro 2010*. Brasília: DNPM, 2010; IBGE. *Atlas geográfico escolar*. 7. ed. Rio de Janeiro: IBGE, 2016.

a) Quais unidades federativas do Brasil são produtoras de petróleo? E de gás natural?

_____

_____

b) Quais recursos energéticos ocorrem na unidade federativa onde você vive?

_____

c) Há usinas hidrelétricas na unidade federativa onde você vive?

_____

UNIDADE 4
Ambiente e qualidade de vida

Indústrias no município de Vista Alegre do Alto, estado de São Paulo, 2016.

Caminhão em rodovia no município de São Bento, estado do Maranhão, 2014.

Vamos conversar

1. Que problemas ambientais são mostrados nas fotos?
2. No lugar onde você vive há algum desses problemas?
3. Como você acha que é a qualidade ambiental nos lugares mostrados nas fotos? E no lugar onde você vive?

Trecho de uma rua no município do Recife, estado de Pernambuco, 2016.

Trecho do Rio dos Cachorros, município do Rio de Janeiro, estado do Rio de Janeiro, 2016.

CAPÍTULO 1 — Os problemas ambientais onde você vive: o lixo

Quanto maior é o equilíbrio entre os elementos naturais de um lugar e as atividades humanas que nele são desenvolvidas, maior é a qualidade ambiental desse lugar.

Alguns fatores diminuem a qualidade ambiental dos lugares, prejudicando a saúde, o bem-estar e a segurança da população. Lugares com pouca cobertura vegetal, com muita poluição, com poucos espaços livres e com edifícios muito altos, por exemplo, têm sua qualidade ambiental afetada.

1 Você acha que o lugar onde você vive tem qualidade ambiental? Por quê?

_____
_____
_____
_____
_____

- O que você gostaria que mudasse no ambiente onde você vive para que a qualidade ambiental fosse maior?

_____
_____
_____
_____
_____

Você já reparou no ambiente ao seu redor? Há problemas ambientais no entorno de sua moradia e da escola?

É importante identificar os problemas ambientais presentes no lugar onde vivemos para saber como eles podem ser evitados ou solucionados.

Neste capítulo, você vai saber como o lixo pode prejudicar o ambiente. Nos capítulos seguintes, você vai conhecer os prejuízos que a poluição do ar e das águas causa ao ambiente.

O lixo e a qualidade ambiental

Todos os dias se produz enorme quantidade de lixo, principalmente nas cidades.

De acordo com o IBGE, em 2015, quase 99% das moradias situadas em áreas urbanas eram atendidas pelo serviço de coleta de lixo. Já nas áreas rurais, cerca de 35% das moradias eram atendidas por esse serviço.

Além de causar doenças, o lixo também é um agente poluente do solo, das águas e do ambiente de modo geral. Por isso, além de ser coletado, o lixo deve ter destino com tratamento correto para não causar poluição.

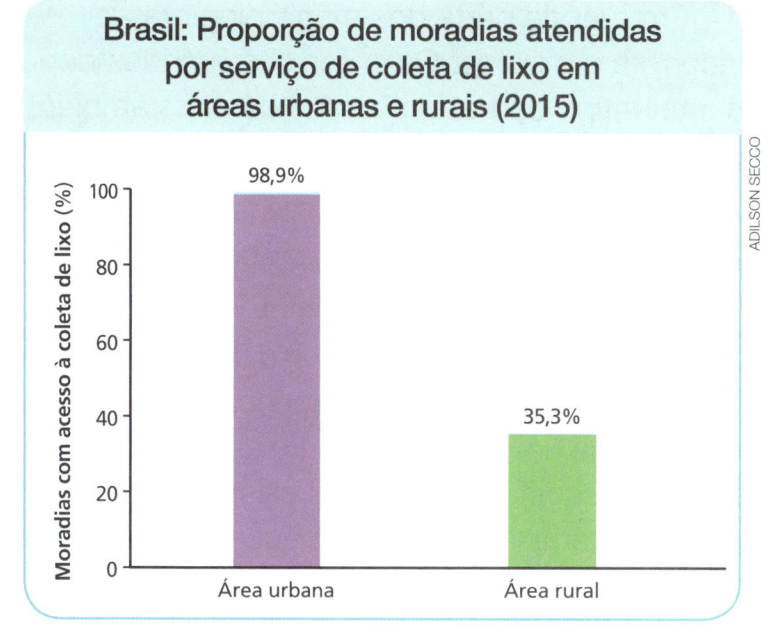

Brasil: Proporção de moradias atendidas por serviço de coleta de lixo em áreas urbanas e rurais (2015)

- Área urbana: 98,9%
- Área rural: 35,3%

Fonte: IBGE. *Síntese de indicadores sociais:* uma análise das condições de vida da população brasileira: 2016. Rio de Janeiro: IBGE, 2016.

2. Você sabe qual é o destino dado ao lixo produzido no município onde você vive?

Para onde vai o lixo?

Você deve ter percebido que o destino dado ao lixo é tão importante quanto sua coleta.

Nas áreas rurais, a coleta de lixo não é tão frequente quanto na cidade; por isso, é comum que o lixo seja enterrado ou queimado.

Nas áreas urbanas, o lixo coletado é levado para lixões, aterros sanitários e aterros controlados. Essas são as principais formas de descarte final do lixo no Brasil.

Qual dessas formas de descartar o lixo é a melhor? Vamos conhecer.

Lixo descartado no Rio Pinheiros, no município de São Paulo, estado de São Paulo, 2017.

Lixão

Em grande parte dos municípios brasileiros, o lixo é descartado de maneira incorreta em lixões. Os lixões são grandes depósitos de lixo a céu aberto, sem nenhum tipo de tratamento ou controle ambiental, e as pessoas têm livre acesso a eles.

Mesmo sendo proibidos por lei, os lixões são o destino final de grande parte do lixo de muitos municípios brasileiros que ainda não conseguiram dar um descarte adequado ao lixo que produzem.

Nos lixões, o acúmulo de lixo a céu aberto causa mau cheiro e atrai insetos e animais que podem causar doenças. Além disso, a decomposição do lixo orgânico origina um líquido poluente chamado chorume. Quando o chorume se mistura com substâncias tóxicas existentes no lixão, torna-se altamente poluente e pode contaminar o solo e as águas subterrâneas, causando muitos problemas ao ambiente. Por isso, é importante que o chorume seja coletado e tratado antes de ser descartado no ambiente. Mas não é isso que acontece nos lixões.

Lixão no município de Arraial do Cabo, estado do Rio de Janeiro, 2018.

Aterro sanitário

Uma maneira adequada de descartar o lixo é em aterros sanitários.

Nos aterros sanitários, o lixo é depositado em camadas, compactado e depois coberto de terra. O aterro sanitário permite que uma quantidade maior de lixo seja depositada na mesma área. Além disso, evita o mau cheiro e a proliferação de animais que transmitem doenças.

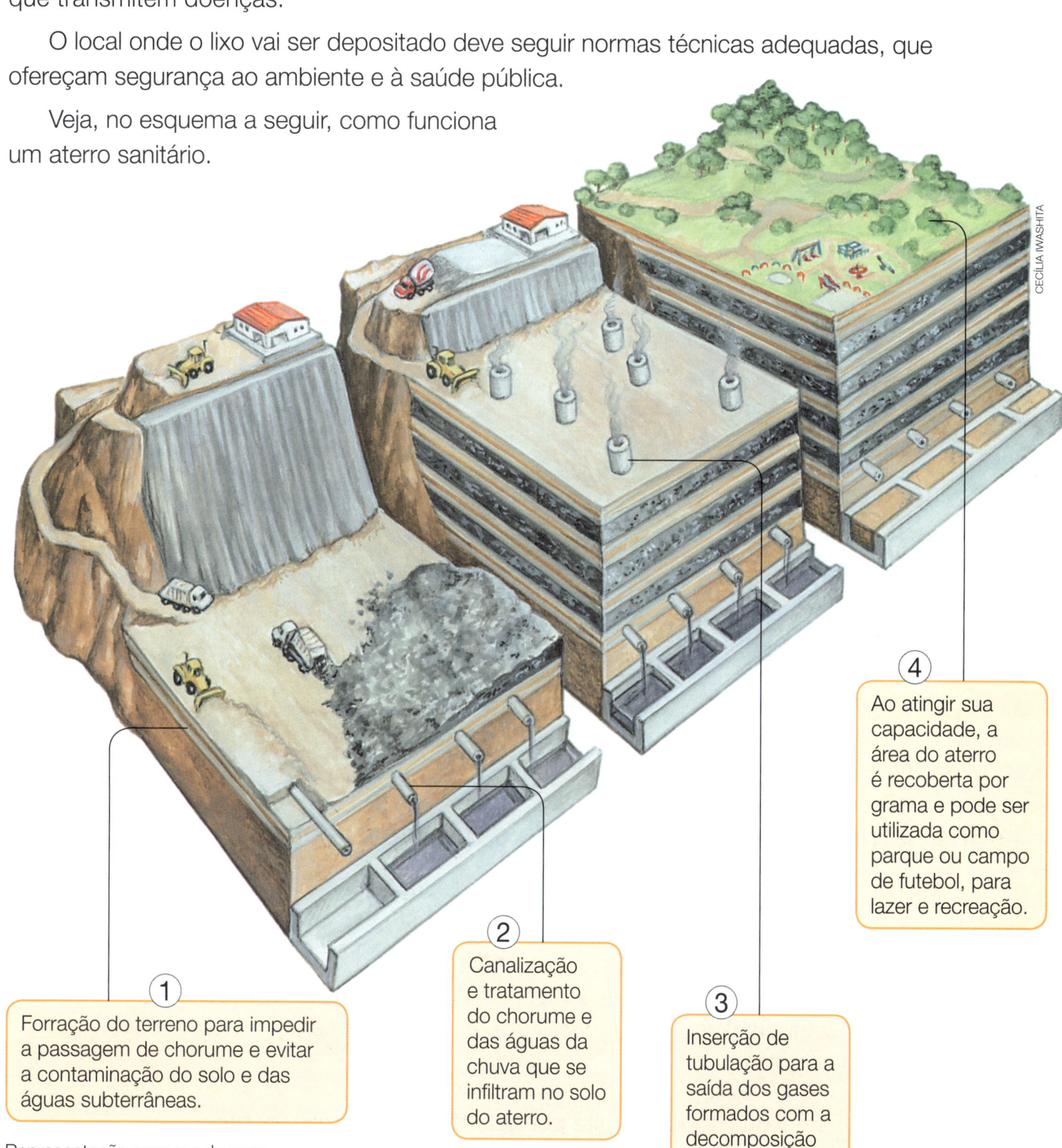

O local onde o lixo vai ser depositado deve seguir normas técnicas adequadas, que ofereçam segurança ao ambiente e à saúde pública.

Veja, no esquema a seguir, como funciona um aterro sanitário.

1. Forração do terreno para impedir a passagem de chorume e evitar a contaminação do solo e das águas subterrâneas.

2. Canalização e tratamento do chorume e das águas da chuva que se infiltram no solo do aterro.

3. Inserção de tubulação para a saída dos gases formados com a decomposição do lixo.

4. Ao atingir sua capacidade, a área do aterro é recoberta por grama e pode ser utilizada como parque ou campo de futebol, para lazer e recreação.

Representação sem escala para fins didáticos.

Aterro controlado

O aterro controlado não segue as mesmas normas técnicas e ambientais do aterro sanitário. No aterro controlado, o lixo é disposto e coberto por terra sem que haja cuidados com o ambiente, por exemplo a impermeabilização do solo ou o tratamento do chorume. Por isso, o aterro controlado não é considerado um destino adequado para o lixo.

No aterro controlado ocorre apenas a instalação de tubos para a saída dos gases que se formam com a decomposição do lixo. Nesse tipo de aterro, o acesso de pessoas é restrito e há um pequeno controle dos tipos de resíduos que entram no aterro.

Aterro controlado no município de Garça, estado de São Paulo, 2016. Grande quantidade de lixo é enterrada no aterro diariamente.

Todos somos responsáveis pelo lixo que geramos

A produção excessiva de lixo e o seu descarte inadequado são problemas ambientais que afetam a qualidade de vida de todos.

Somos todos responsáveis pela disposição correta do lixo que geramos. Também devemos repensar nosso papel de consumidores, pois na fabricação dos produtos utilizam-se diversos recursos da natureza. Além disso, quanto mais compramos, mais lixo geramos.

3 Em sua opinião, o que pode ser feito por cidadãos e governantes para solucionar ou reduzir os problemas causados pelo lixo?

4. Há algum lixão próximo da sua casa ou da escola?

5. Em sua opinião, o que pode ser feito para diminuir a quantidade de lixo gerado pela sociedade?

_____
_____
_____
_____

6. Observe a foto e responda.

- Que consequências o descarte de lixo em lixões pode trazer ao ambiente? E às pessoas?

_____
_____
_____
_____
_____
_____

Lixão no município de Ribeirópolis, estado de Sergipe, 2015.

7. O que é chorume?

_____
_____
_____

8. Por que é importante que o chorume seja tratado?

_____
_____
_____

O mundo que queremos

Vamos dar um final mais feliz para as embalagens?

Quase tudo que compramos hoje vem dentro de uma embalagem, que pode ser caixa, garrafa, saquinho ou lata.

E para onde vão todas essas embalagens? Para o lixo! Agora, será que não podemos dar um destino mais feliz para elas?

Claro!

Uma ideia é separar as embalagens pelo seu material (plástico, vidro, papel e metal) antes de jogarmos no lixo, pois assim elas poderão ser recicladas e transformadas em coisas novas.

Outra ideia é reutilizar as embalagens: caixas, por exemplo, podem ser úteis depois de vazias.

Crie, invente, use de novo!

BRASIL. Ministério do Meio Ambiente. Consumismo infantil: na contramão da sustentabilidade. Disponível em: <http://mod.lk/consuinf>. Acesso em: 18 abr. 2018.

1 Qual é a principal mensagem desse texto? Você acha essa mensagem importante? Por quê?

_____
_____
_____
_____
_____
_____

2 Que embalagens são citadas no texto? De que materiais elas podem ser feitas?

_____
_____
_____
_____

3 Em sua opinião, reutilizar os materiais é uma forma de evitar o consumismo? Justifique.

Vamos fazer

Separar as embalagens de acordo com o material de que são feitas é praticar a coleta seletiva. Assim, as embalagens são separadas para serem recicladas.

Que tal fazer lixeiras para coleta seletiva na sala de aula?

A turma será dividida em quatro grupos. Cada grupo ficará responsável por uma lixeira, que será feita de caixa de papelão. Sigam as etapas e bom trabalho!

Etapas

1. Separem uma caixa grande de papelão, uma folha branca de papel sulfite, lápis de cor, cola branca e tesoura de pontas arredondadas.

2. Recortem uma faixa larga de papel sulfite e escrevam o tipo de material que deverá ser depositado na lixeira: papel, metal, plástico e vidro.

3. Colem essa faixa na lixeira.

4. Com a ajuda dos demais grupos, organizem as lixeiras em um canto da sala de aula.

5. Pronto! Vocês já podem iniciar a coleta seletiva.

CAPÍTULO 2 — Os problemas ambientais onde você vive: a poluição do ar

A poluição do ar é um grave problema ambiental. A presença de indústrias e o elevado número de veículos automotores em circulação causam a poluição do ar, principalmente nas grandes cidades.

As substâncias lançadas na atmosfera são consideradas poluentes quando tornam o ar nocivo, prejudicando a saúde das pessoas. Irritação nos olhos, nariz e garganta, além de problemas respiratórios, são algumas das dificuldades que a população das grandes cidades enfrenta quando o ar está poluído.

Para evitar a poluição do ar, as indústrias devem investir em tecnologias menos poluentes e no uso de equipamentos que reduzem os níveis de gases tóxicos no ar.

Relógio de rua marcando a qualidade do ar como moderada. Município de São Paulo, estado de São Paulo, 2017.

Indústria no município de Ortigueira, estado do Paraná, 2016.

1. No lugar onde você vive há indústrias que poluem o ar?

2. Você já teve problemas de saúde causados pela poluição do ar?

Você sabia que alguns organismos vivos podem indicar se o ar está poluído? Os liquens são exemplos desses organismos. Eles podem ser encontrados nos troncos das árvores. Os liquens são organismos muito sensíveis às alterações na composição do ar, sendo capazes de detectar quando o ar está poluído.

Alguns tipos de liquens conseguem crescer onde o ar é poluído; no entanto, outros só se desenvolvem onde o ar é puro. Em regiões onde o ar é mais puro, há mais tipos diferentes de liquens.

Liquens no tronco de uma árvore, em local não poluído.

O líquen vermelho é um indicador natural de ar puro. Ele está presente em regiões pouco poluídas.

Esse líquen é encontrado com frequência em grandes cidades. Ele é considerado um indicador de poluição do ar, por ser tolerante a ela.

3 Você já observou liquens em árvores próximas à sua casa? Como eles eram?

Vamos descobrir se o ar do lugar onde você vive é poluído? Nesta atividade você vai verificar a poluição presente no ar.

4 Siga as instruções e responda às questões.

Material

2 pedaços de tecido branco

Como você vai fazer

1. Guarde um dos pedaços de tecido em um saco plástico e coloque-o dentro de uma gaveta.

2. Pendure o outro pedaço de tecido em um varal, em uma janela ou em qualquer outro lugar ao ar livre. Evite deixá-lo em um lugar onde a chuva possa cair sobre ele.

3. Depois de uma semana, observe a cor do tecido pendurado no varal. Marque com um X a cor correspondente na tabela abaixo.

Primeira semana

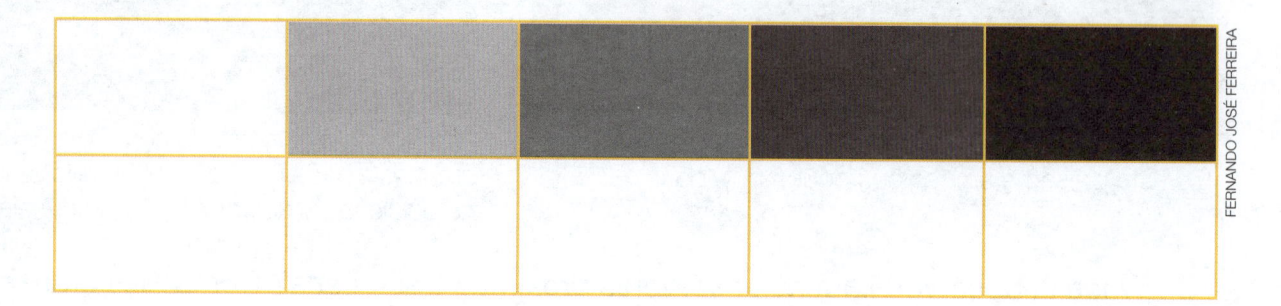

4. Espere mais uma semana e faça uma nova observação do tecido pendurado no varal. Marque com um X a cor correspondente.

Segunda semana

5. Repita o processo. Ao completar a terceira semana, retire o tecido do varal. Observe a cor e marque na tabela.

Terceira semana

6. Retire o outro pedaço de tecido da gaveta e compare.

a) Que diferenças você percebeu entre os dois pedaços de tecido ao final da terceira semana?

_____

_____

b) No tecido pendurado no varal, quais diferenças você observou entre a primeira e a terceira semanas?

_____

_____

c) Que explicação você dá para os resultados observados?

_____

_____

d) Você acha que o ar pode conter substâncias que fazem mal à saúde?

_____

Para ler e escrever melhor

O texto que você vai ler mostra as **causas** da chuva ácida e as **consequências** dela para o ambiente.

A chuva ácida

Você estudou que as substâncias tóxicas lançadas na atmosfera pelas indústrias e pelos automóveis causam a poluição do ar. As queimadas também liberam substâncias tóxicas e contribuem para a poluição atmosférica.

Essas substâncias tóxicas lançadas na atmosfera se misturam com a água das nuvens e, quando chove, forma-se a **chuva ácida**.

Ao cair sobre plantações, florestas, rios e lagos, a chuva ácida pode afetar o ambiente e as espécies vegetais e animais. Ao cair sobre automóveis, edifícios, estátuas e monumentos, a chuva ácida pode causar a corrosão dos materiais que compõem essas estruturas.

As substâncias tóxicas lançadas na atmosfera, em um determinado local, podem ser transportadas pelo vento e se espalhar para outros locais. Por isso, a poluição atmosférica gerada em um local pode causar chuva ácida em outros locais, geralmente distantes de onde a poluição foi gerada.

Corrosão: desgaste, destruição lenta ou alteração da composição de um material.

- Substâncias tóxicas são lançadas no ar.
- A água da chuva mistura-se com as substâncias tóxicas.
- A chuva ácida causa prejuízos ambientais e pode corroer estruturas na cidade.

1 Como a chuva ácida se forma?
_____
_____
_____

2 Quais são as consequências da chuva ácida?
_____
_____
_____

3 Complete o esquema com as consequências da chuva ácida.

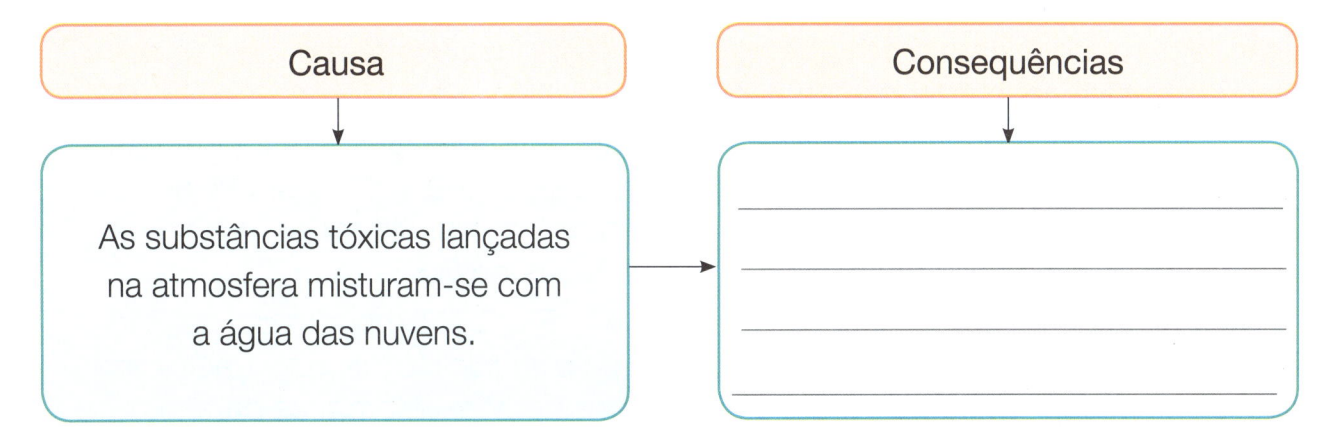

Causa	Consequências
As substâncias tóxicas lançadas na atmosfera misturam-se com a água das nuvens.	_____ _____ _____ _____

4 Identifique um problema ambiental que ocorre no lugar onde você vive e pesquise suas causas e consequências, completando o esquema.

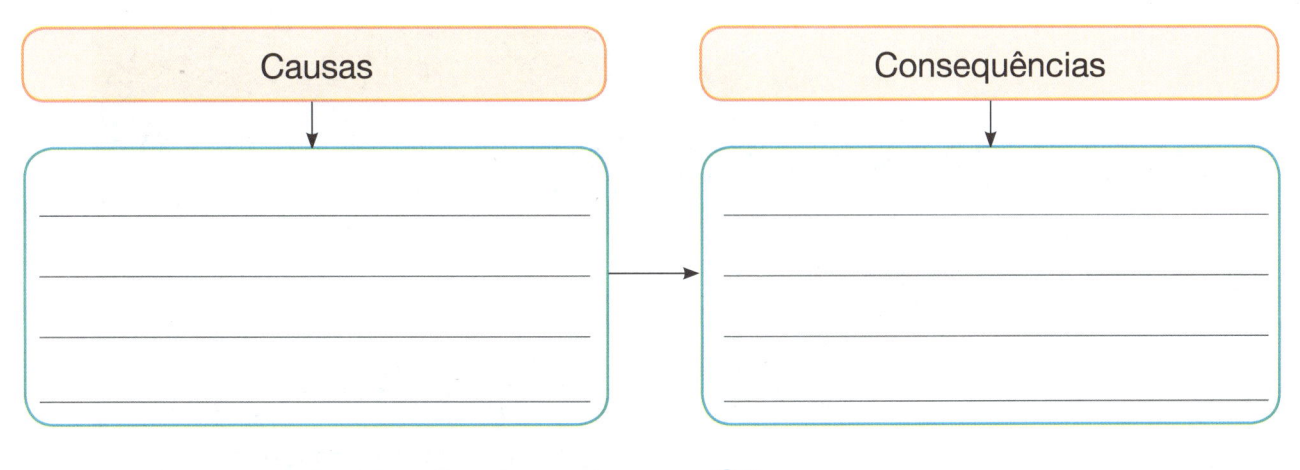

Causas	Consequências
_____ _____ _____ _____	_____ _____ _____ _____

- Com base nas informações do esquema, escreva um texto sobre esse problema ambiental, apresentando suas causas e consequências. Lembre-se de dar um título ao seu texto.

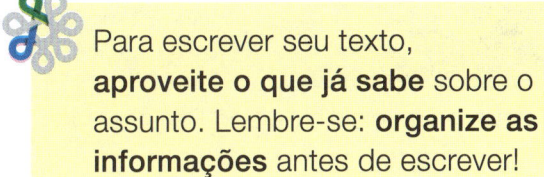

Para escrever seu texto, **aproveite o que já sabe** sobre o assunto. Lembre-se: **organize as informações** antes de escrever!

CAPÍTULO 3 — Os problemas ambientais onde você vive: a poluição das águas

A água é um recurso da natureza fundamental para a manutenção da vida. Por isso, é muito importante cuidar da água, evitando que ela seja poluída ou contaminada. Mas não é isso o que acontece: a poluição das águas de rios e oceanos é cada vez mais comum no Brasil e no mundo.

A poluição das águas por esgoto

A poluição de rios e oceanos prejudica a qualidade de vida das pessoas e dos animais. Um dos problemas mais graves e comuns é o despejo de esgoto sem tratamento nas águas.

Em muitos municípios brasileiros não há estações de tratamento de esgoto. Grande parte do esgoto produzido no campo e nas cidades é lançado nos rios e oceanos sem nenhum tratamento, poluindo suas águas.

A poluição das águas prejudica o abastecimento de água e a saúde das pessoas, pois, ao ter contato com a água poluída, a população está sujeita a contrair doenças. Além disso, o esgoto prejudica muitas espécies animais e vegetais, que não conseguem sobreviver nas águas poluídas.

Um exemplo de rio poluído por esgoto é o Rio Tietê, no estado de São Paulo. Principalmente no trecho que passa pelo município de São Paulo, as águas do rio recebem tanto esgoto que são consideradas impróprias para qualquer tipo de uso. Muitos outros rios brasileiros estão na mesma situação.

Rio Tietê, no município de São Paulo, estado de São Paulo, 2016.

1. No lugar onde você vive há rios poluídos por esgoto?

2 Observe o mapa e responda às questões.

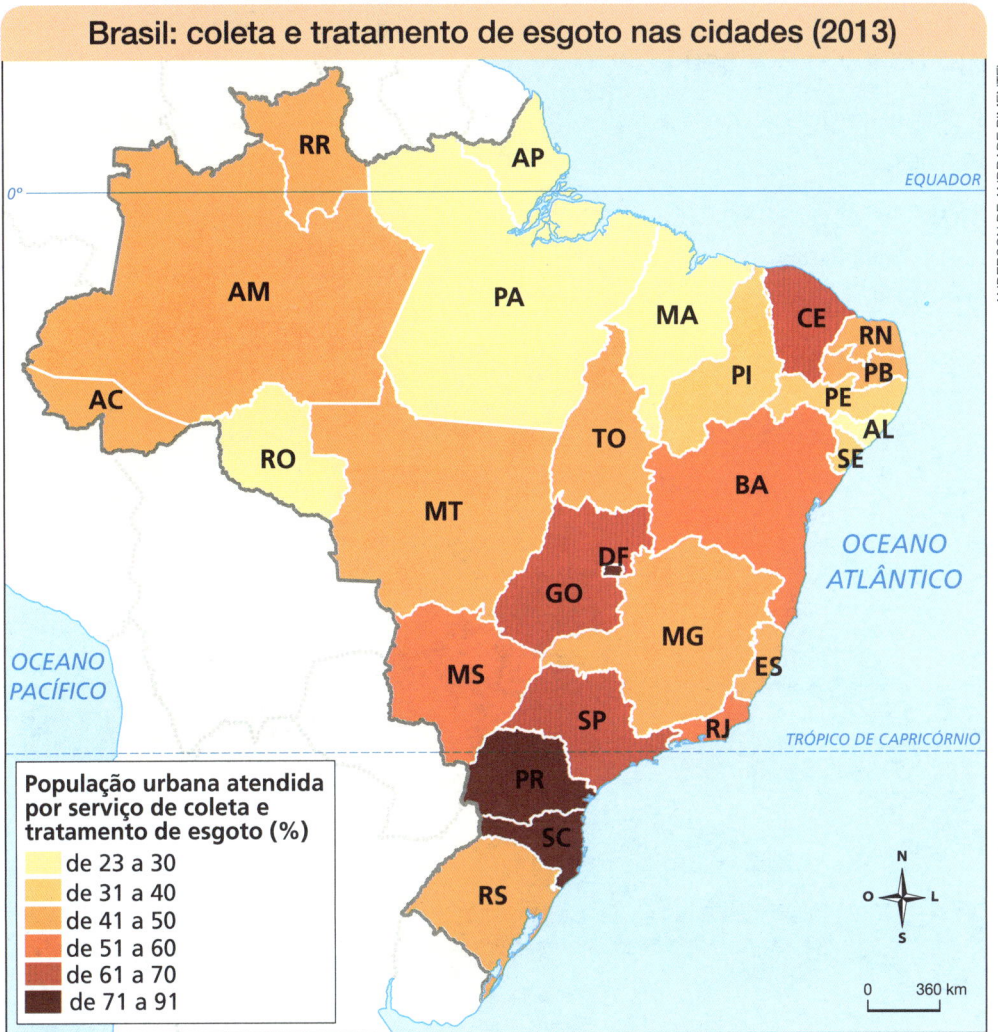

Brasil: coleta e tratamento de esgoto nas cidades (2013)

População urbana atendida por serviço de coleta e tratamento de esgoto (%)
- de 23 a 30
- de 31 a 40
- de 41 a 50
- de 51 a 60
- de 61 a 70
- de 71 a 91

Segundo o Plano Nacional de Saneamento Básico, a condição do esgotamento sanitário é adequada quando a população é atendida tanto por serviços de coleta quanto de tratamento de esgoto ou quando utiliza uma solução individual adequada, como a fossa séptica.

Fonte: Agência Nacional de Águas (ANA). *Atlas esgotos*: despoluição de bacias hidrográficas. Brasília: ANA, 2017. Disponível em: <http://mod.lk/atlasesg>. Acesso em: 3 abr. 2018.

a) O que o mapa mostra?

b) Quais unidades federativas apresentavam os menores percentuais de população com atendimento de coleta e tratamento de esgoto? E quais unidades apresentavam os maiores percentuais?

c) Das 27 unidades federativas brasileiras, em apenas 9 delas mais da metade da população era atendida por serviços de coleta e tratamento de esgoto. Quais são essas unidades?

- Qual é a sua opinião sobre isso? Converse com seus colegas e seu professor.

3 Quais consequências a falta de tratamento de esgoto pode causar ao ambiente e às pessoas?

Vida nova ao rio

Durante muito tempo, o Rio Tâmisa, na cidade de Londres, na Inglaterra, foi usado como depósito de esgoto a céu aberto.

O rio estava tão poluído que quase todos os animais e plantas que nele viviam acabaram morrendo.

Depois de um grande processo de despoluição, o rio ficou praticamente limpo. Atualmente, os habitantes da cidade utilizam o rio para práticas esportivas e de lazer e é possível encontrar diversas espécies de peixes.

Será que os rios poluídos do Brasil podem ter o mesmo destino do Rio Tâmisa?

Rio Tâmisa, em Londres, 2016.

4 O que foi feito para que o Rio Tâmisa deixasse de ser um rio poluído?

_____

_____

5 Compare a imagem do Rio Tâmisa com a imagem do Rio Tietê mostrada na página 144 e escreva em seu caderno as principais diferenças entre eles.

6 Converse com um colega sobre ações que as pessoas e o governo deveriam adotar para evitar a poluição dos rios. Em seguida, listem essas ações em seus cadernos.

A poluição das águas por resíduos industriais e de outras atividades

Além do esgoto, outra forma de poluição dos rios e oceanos acontece quando indústrias lançam, nas águas, os resíduos de suas atividades sem nenhum tipo de tratamento. Embora existam leis que proíbam o despejo de resíduos sem tratamento nos rios, muitas indústrias ainda não tratam corretamente seus resíduos antes de descartá-los, causando grandes prejuízos ao ambiente.

As atividades do campo também causam a poluição das águas. Na agricultura, por exemplo, a água das chuvas pode levar as substâncias nocivas presentes nos fertilizantes e agrotóxicos até os rios, poluindo-os. Além disso, esses produtos podem penetrar no solo e contaminar as águas subterrâneas.

Aplicação de agrotóxicos em área rural no município de Miranda, estado de Mato Grosso do Sul, 2016.

7. Como as indústrias contribuem para a poluição das águas?

_____
_____
_____
_____

Maré negra

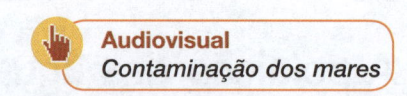

Como você estudou, o petróleo é um recurso natural muito utilizado como matéria-prima na fabricação de diversos produtos e na produção de combustíveis. A extração de petróleo pode ocorrer em terra ou em mares e oceanos. Se a extração, o transporte e o armazenamento do petróleo não forem feitos de forma adequada, podem ocorrer diversos problemas ambientais.

O derramamento de petróleo nos mares e oceanos é conhecido como **maré negra** (ou mancha negra). O petróleo pode ser derramado quando há rompimento de tubulações submarinas que conduzem o produto; quando ocorrem vazamentos dos navios que transportam o petróleo; ou quando ocorrem vazamentos nas instalações marítimas que extraem o produto, chamadas de plataformas, geralmente causados pela própria atividade de extração ou por acidentes.

Quando grandes quantidades de petróleo são derramadas nos mares e oceanos, forma-se uma mancha escura que pode ser levada a longas distâncias por conta dos ventos e das correntes marítimas.

Essa mancha de petróleo impede que a luz penetre na água, afetando a vida marinha. Além disso, em contato com o petróleo, muitos animais morrem.

Ave coberta de petróleo após maré negra nos Estados Unidos, em 2015.

Correntes marítimas: massas de água que se deslocam pelo oceano.

Derramamento de petróleo na Baía de Guanabara, estado do Rio de Janeiro, 2015.

8. O que é maré negra?

Quando ocorre a maré negra, algumas técnicas são utilizadas para evitar que o petróleo continue se espalhando pelos mares e oceanos. A barreira flutuante de isopor ou plástico é uma delas. O petróleo se acumula perto da barreira e, então, é retirado da água com máquinas.

Também são usados produtos químicos chamados dispersantes, que desintegram o petróleo em partes muito pequenas, o que facilita que ele seja dissipado em grandes áreas, causando menos prejuízos ao ambiente.

Utilização de barreira flutuante para conter maré negra na costa do Brasil, em 2011.

Quando o petróleo chega à praia, são utilizados aspiradores que sugam o produto da areia. Também podem ser utilizados rodos que raspam o petróleo da areia.

Quase todas as técnicas utilizadas para retirar o petróleo dos mares e oceanos ou das praias apresentam prejuízos ao ambiente, por isso o mais importante é evitar o seu derramamento.

Trabalhadores retiram petróleo da areia de praia nos Estados Unidos após maré negra, em 2015.

CAPÍTULO 4 — Participação do governo e da população na melhoria da qualidade de vida

Você estudou nos capítulos anteriores que a degradação do ambiente onde vivemos pode trazer riscos à saúde, ao bem-estar e à segurança das pessoas, prejudicando a qualidade de vida.

Mas, além de um ambiente livre de poluição e contaminação, outros fatores sociais, econômicos e políticos contribuem para a qualidade de vida das pessoas: acesso a moradia digna e atendimento eficiente à saúde; educação de qualidade; mobilidade, isto é, poder circular de um lugar a outro com facilidade, conforto e rapidez; renda financeira; acesso às atividades culturais e de lazer; liberdade política e religiosa, democracia, entre outros.

1 Pense na seguinte situação: pessoas vivendo em moradias situadas próximas de um lixão e sem acesso à coleta de esgoto.
- Em sua opinião, como é a qualidade de vida dessas pessoas?

2 E como é a qualidade de vida das pessoas no lugar onde você vive? O que pode ser feito para melhorar?

A melhoria na qualidade de vida não depende apenas de ações individuais, mas, também, de ações governamentais.

No Brasil, vários órgãos dos governos são responsáveis pelo estudo e pela gestão da qualidade de vida da população. Eles devem promover políticas públicas nas diversas áreas (social, econômica, política, de saúde, esportes e lazer, de educação e cultura), visando melhorar a qualidade de vida da população.

Praça pública com equipamentos para a prática de atividades físicas ao ar livre no município de Curitiba, estado do Paraná, em 2015. Praticar atividade física contribui para melhorar a saúde e a qualidade de vida.

São exemplos de órgãos governamentais brasileiros responsáveis pela gestão pública da qualidade de vida o Ministério das Cidades e seus respectivos órgãos, como a Secretaria Nacional de Mobilidade Urbana e a Secretaria Nacional de Saneamento Ambiental; e o Ministério da Saúde e seus respectivos órgãos, como a Secretaria de Atenção à Saúde e a Secretaria Especial de Saúde Indígena.

Mas você sabia que a população também pode reivindicar soluções para melhorar a qualidade de vida do lugar onde vive? Todas as pessoas têm o direito de fazer parte do processo de formulação de políticas públicas.

Além de exigir que os órgãos governamentais cumpram sua função, a população pode participar das decisões do governo através dos canais de participação social.

É por meio de reuniões e debates com representantes do governo, nos conselhos de políticas públicas, nas audiências públicas, nas conferências e em outros meios que a população pode participar da formulação de políticas públicas.

Atualmente, há também canais digitais de participação, em que a população pode interagir pela internet, propondo melhorias e conhecendo as principais ações do governo.

Audiência pública para o debate de questões relacionadas à segurança ambiental, município de São Paulo, estado de São Paulo, em 2016.

3 Você acha importante que a população participe da formulação de políticas públicas que interfiram na qualidade de vida do lugar onde vive? Por quê?

4 Você conhece alguma proposta implementada pelo governo que tenha afetado a vida da população onde você vive? Converse com os colegas e o professor.

As associações comunitárias de moradores

A população tem o direito de participar da elaboração de políticas públicas que promovam a qualidade de vida.

Além disso, a população também pode reivindicar aos governantes a solução de problemas que prejudicam a qualidade de vida no lugar onde vive. Isso pode ser feito com a participação dos moradores nas associações comunitárias de bairro, por exemplo.

Nessas associações, os moradores conversam sobre os problemas e as necessidades do bairro, como a instalação de posto de saúde ou de creche pública, ou a instalação de rede de coleta e tratamento de esgoto.

Em geral, a solução desses problemas depende de ações do governo, mas as associações de moradores podem se organizar para reivindicar e colaborar com a solução dos problemas locais.

Assim, com empenho e maior participação das pessoas, essas associações comunitárias podem conseguir várias melhorias para o bairro, aumentando a qualidade de vida.

5 Observe a ilustração da página anterior e responda às questões.

a) O que a população está reivindicando?

_____
_____
_____

b) De que outras maneiras a população poderia fazer essa reivindicação?

_____
_____
_____
_____
_____

c) No lugar onde você vive, a população já reivindicou melhorias na qualidade de vida? O que e como ela reivindicou?

_____
_____
_____
_____

6 Em sua opinião, quais são os problemas do bairro onde você mora que prejudicam a qualidade de vida dos moradores?

_____
_____
_____

7 Qual seria a solução desses problemas? De que modo você e sua família poderiam ajudar a solucionar esses problemas?

_____
_____
_____
_____

O que você aprendeu

1) Observe a foto, que mostra um aterro sanitário.

Aterro sanitário no município de Caieiras, estado de São Paulo.

a) O que é um aterro sanitário?
_____
_____
_____

b) Por que o aterro sanitário é o destino mais adequado ao lixo do que o lixão?
_____
_____
_____
_____
_____
_____

c) Qual é a diferença entre aterro sanitário e aterro controlado?
_____
_____

2 Leia a tirinha.

> POLCALIA! SÓ PEGO ESSAS TLANQUEILAS!
>
> AMANHÃ, EU VOLTO PLA TENTAR PESCAR DE NOVO!
>
> NO OUTRO DIA...
>
> EI, TURMA! O LIXEIRO CHEGOU!

a) A tirinha mostra o personagem Cebolinha pescando no rio. Ele conseguiu pegar algum peixe?

_____
_____

b) O que Cebolinha pegou no rio?

_____
_____

c) No último quadrinho, o que o peixe disse? Explique.

_____
_____
_____

d) Em sua opinião, o rio mostrado na tirinha está poluído? Explique.

_____
_____
_____

3 De que modo a poluição causada por veículos automotores pode ser amenizada? Converse com o professor e os colegas e depois anote as principais ideias.

_____
_____
_____

155

4 Observe o quadro.

Animação
Poluição urbana e industrial

Qualidade do ar em alguns municípios do estado de São Paulo – 6/12/2017			
Mogi das Cruzes	🟢	Americana	🟠
Piracicaba	🟡	Paulínia	🔴
São José do Rio Preto	🟢	Santa Gertrudes	🟡

Legenda
🟢 Boa
🟡 Moderada
🟠 Ruim
🔴 Muito ruim

Fonte: Companhia Ambiental do Estado de São Paulo (Cetesb). Qualidade do ar – Boletim diário. Disponível em: <http://mod.lk/arcetesb>. Acesso em: 7 dez. 2017.

a) Entre os municípios do quadro, quais tinham a qualidade do ar boa em 6 de dezembro de 2017?

_____
_____

b) Entre os municípios do quadro, qual tinha a qualidade do ar muito ruim em 6 de dezembro de 2017?

_____
_____

c) Que problemas de saúde as pessoas expostas à poluição do ar podem apresentar?

_____
_____
_____

d) Em sua opinião, é importante que os órgãos governamentais monitorem a qualidade do ar? Por quê?

_____
_____
_____
_____

5 Observe a foto, leia a legenda e responda.

Em muitas cidades brasileiras, o esgoto é lançado nos rios sem nenhum tratamento. Na foto, Rio Paraíba do Sul, no município de Jacareí, estado de São Paulo, 2014.

a) O que está poluindo a água do rio mostrado na foto?
___
___

b) Imagine que a água desse rio abasteça a população do município. O que pode acontecer se as pessoas consumirem essa água sem tratamento?
___
___
___
___

6 O que deve ser feito com o esgoto produzido pela população?
___
___
___
___
___

7 Leia o texto e observe o quadro para responder.

O que é balneabilidade?

Balneabilidade é a qualidade das águas que são utilizadas para atividades de recreação nas quais as pessoas têm contato direto e prolongado com a água.

Quando as praias não estão próprias para banho, recomenda-se que as pessoas não se banhem nas águas. As praias impróprias para banho apresentam riscos para a saúde.

Balneabilidade em algumas praias do município de Salvador, estado da Bahia – 20/04/2018			
Periperi	🔴	Armação	🔴
Farol da Barra	🟢	Bonfim	🟢
Itapuã	🟢	Pedra Furada	🔴

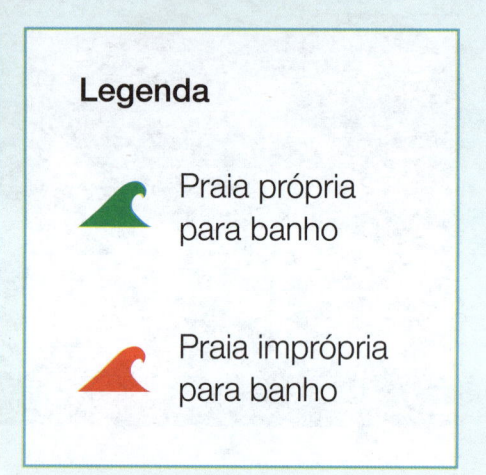

Legenda:
🟢 Praia própria para banho
🔴 Praia imprópria para banho

Fonte: Instituto do Meio Ambiente e Recursos Hídricos – Estado da Bahia (Inema). Qualidade das praias. Disponível em: <http://mod.lk/balneaba>. Acesso em: 20 abr. 2018.

a) Entre as praias do quadro, quais estavam próprias para banho em 20 de abril de 2018?
_____
_____

b) Entre as praias do quadro, quais estavam impróprias para banho em 20 de abril de 2018?
_____
_____

c) Por que as praias podem ficar impróprias para banho?
_____
_____
_____

d) Em sua opinião, que tipos de problema as praias impróprias para banho podem causar à saúde das pessoas?

8 Junte-se a um colega e façam uma pesquisa sobre um problema ambiental que ocorre no entorno da escola. Em seguida, preencham a ficha.

Problema ambiental:	
Causas desse problema	
Consequências desse problema para as pessoas	
Consequências desse problema para o ambiente	
Propostas de soluções para esse problema	

a) Em uma folha avulsa, façam um desenho mostrando esse problema.

b) Mostrem o desenho e conversem com os colegas e o professor sobre esse problema ambiental.